連続体力学・
電磁解析の基礎

坂　真澄　李　淵　　著

東北大学出版会

Fundamentals of Continuum Mechanics and Electromagnetic Analysis

Masumi Saka , Yuan Li

Tohoku University Press, Sendai
ISBN978-4-86163-407-9

はしがき

科学・工学の多くの課題において、機械工学と電気・電子・磁気工学は密接に連携し合っている。その状況に鑑みて、本書は、材料、弾性、波動、破壊、流体の力学と熱伝導そして電磁気学の中級編大要について記したものである。筆者が大学と大学院で行ってきた材料力学、弾性力学、破壊力学等の講義と、会社で行ってきたセミナーを基として加筆した内容に、関連する研究の話題を文献に引用して執筆した。電磁気学については、機械工学分野の著者による独自の切り口での説明を記しており、新鮮な捉え方を提供するであろうと思っている。扱った個々の項目についてそれらの全体像を簡潔に掴むことを重視した。式の誘導、説明は概略を述べるに留まった箇所も多いことをはじめに断っておく。取り上げた項目に関連して、基礎を手軽に眺められるようにすることを目指した。

本書の内容に目を通すことは、材料システムの強度と機能性の評価なる科学技術の基盤分野を知るための道具を整理することともみなせるようなものである。ここに参考文献に挙げた多くの書籍と論文より貴重な教えを得たことを記し、敬意を表する。本書は当該分野における貴重な文献を紡ぐ側面も有しているものと思っている。

最後に原稿の作成にあたり、電子磁気工業株式会社　代表取締役会長　児島　隆治氏と開発部次長　岩田　成弘氏、名古屋大学　木村　康裕氏（現　九州大学　准教授）の協力を得たことを記し、ここに感謝の意を表する。また本書の出版にあたり、東北学院大学学術振興会の出版助成による支援を受けたこと、ならびに東北大学出版会には貴重な査読をはじめとする種々の支援を受けたことを記し、感謝の意を表する。

なお原稿の作成において、原稿の執筆と構成を筆者が担当し、その調整と電子化を共著者の李　渊が担当したことを記す。

2024 年 11 月

著者代表　坂　真澄

目　次

第１章　連続体力学の基礎

第 2 章　電流と磁場に関連した導体解析の基礎

第 3 章　数学の基礎

第1章　連続体力学の基礎

1.1 はじめに

機械や構造物あるいは部品の設計ならびに維持管理において、連続体力学の解析は周知のように大きな役割を担う。ここではその基本として弾性力学を、そして関連して波動、水力学および破壊力学を取り上げ、基礎的事項について説明する。

1.2 弾性力学

1.2.1 弾性力学の問題を解くとは

文献 (1) を基に、線形弾性体[*1]の変形の解析を対象とし、図 1.1 に示すような直角座標系 (x_1, x_2, x_3) を導入して、物体に力が働いている状況を考える。ここに (x_1, x_2, x_3) は、変形前の物体内の任意の一点の座標を表すものとする。図 1.2 に示すように変位 (displacement)、ひずみ (strain)、応力 (stress) をそれぞれ u_i、e_{ij}、τ_{ij} と表す。u_i の指標 i は座標軸成分を表し、τ_{ij} の指標 ij は作用している面の法線方向と力の作用する方向を表す $(i, j = 1, 2, 3)$。ひずみと応力には対称性があり、指標

[*1] 線形弾性体とは、後述する式 (1.13) に従う材料からなる物体のことをいう。

i と j を入れ替えてもその値は同じである (すなわち $e_{ij}=e_{ji}$、$\tau_{ij}=\tau_{ji}$ である。詳細は後述)。この物体がどのように変形するか、また物体のどの点で応力とひずみがどのような値をとるか、ということを求めることを考える。変位成分は 3 個、ひずみ成分は 6 個、応力成分は 6 個となり、全部で 15 個の成分の x_1、x_2、x_3 の関数形を求めることが、弾性力学の問題を解くということである。なおここに境界条件、また問題によっては初期条件、さらに境界条件の時間変化を考慮することになる。動的問題の場合には、x_1、x_2、x_3 に加えて時間も変数となる。

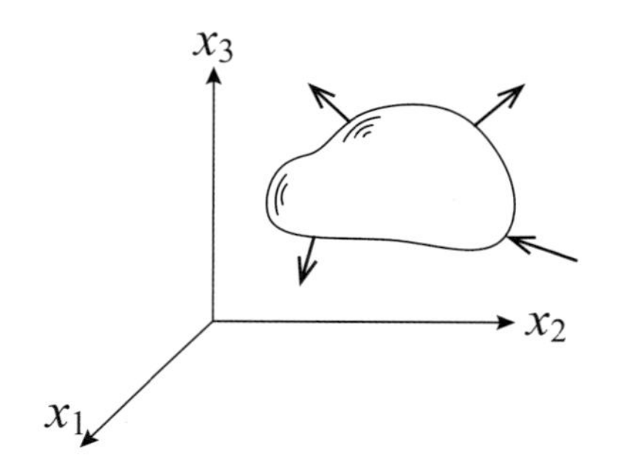

図 1.1　力を受ける線形弾性体と直角座標系

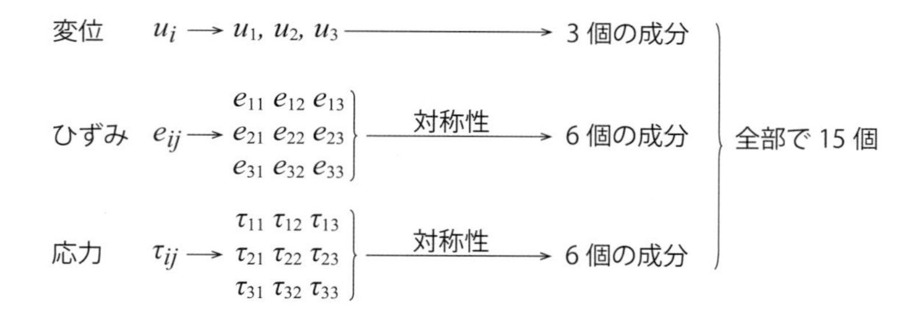

図 1.2　弾性力学で扱う基本的な物理量の成分

これら 15 個の成分は以下の式を満足する。そのように解くことになる。

- 変位とひずみの関係式
- 適合方程式 ··· 物体内の一点が変形によって二点に分かれない、変形によってしわ (材料の重なり)、き裂 (材料の分裂) ができない (変位が一価連続である) ための条件式
- 平衡方程式 (運動方程式)
- 構成方程式

以下、これらを順に見ていくことにする。

1.2.2 変位とひずみの関係式

変位成分 u_i の x_j による偏導関数 $\partial u_i/\partial x_j$ $(i, j = 1, 2, 3)$ を変位勾配と呼び、$u_{i,j}$ と表す。はじめに弾性体が剛体的に平行移動する場合を考えると、u_i は場所によらない。すなわち $u_{i,j} = 0$ である。したがって逆に、$u_{i,j} \neq 0$ の場合には、変形と剛体的回転が生じていることになる。これより変形を扱うには $u_{i,j}$ に注目する必要があることがわかる。図 1.3 に示すように、$u_{i,j}$ において指標 i と j を入れ替えたとき、第 (3) 式の右辺第一項 (e_{ij} と定義する) は符号が変わらない対称性を有し、右辺第二項 (ω_{ij} と定義する) は符号が反転する反対称性を有する。これらはそれぞれひずみ成分と回転成分を表している。右辺第一項を書き出すと

$$e_{ij} = \frac{1}{2}(u_{i,j} + u_{j,i}) \tag{1.1}$$

になり、変位とひずみの関係式を表す。

図 1.3(a) に示す変形前の微小部分は、変形後に (b) のようになる。ここに (b) は、$u_1 > 0$、$u_2 > 0$、$u_{1,2} > 0$、$u_{2,1} > 0$ として描いている。一例として $u_{1,2} > u_{2,1}$ の場合を考えると、図 1.3(c) の x_1 軸に沿った $(u_{1,2} + u_{2,1})/2$ は、(d) の x_1 軸に沿った $(u_{1,2} - u_{2,1})/2 (> 0)$ より大きい。図 1.3(c) に (d) を重ねると (b) になる。ここで (c) に (d) を重ねるというのは、(c) の後で (d) ［(d) の後で (c) でも同じ］が起こる場

(1)　$u_{i,j}=0$ ⟶ 剛体的平行移動

(2)　$u_{i,j}\neq 0$ ⟶ 変形 + 剛体的回転

(3)　$u_{i,j}=\underbrace{\frac{1}{2}(u_{i,j}+u_{j,i})}_{\equiv}+\underbrace{\frac{1}{2}(u_{i,j}-u_{j,i})}_{\equiv}$

$e_{ij}=e_{ji}$	$\omega_{ij}=-\omega_{ji}$
(対称性)	(反対称性)
ひずみ	回転

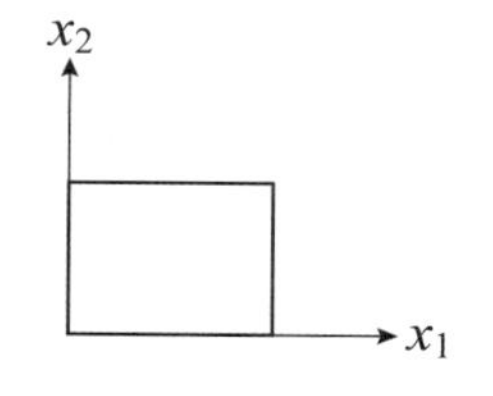

(a) 変形前の微小部分

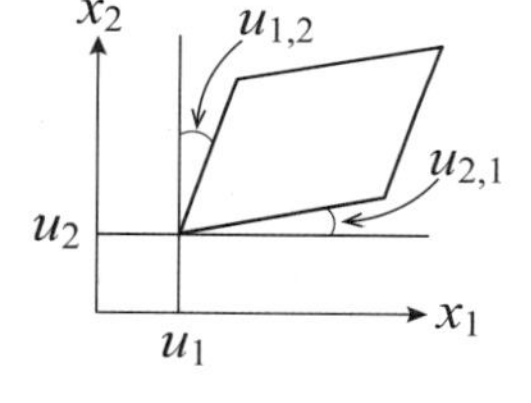

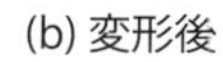
(b) 変形後

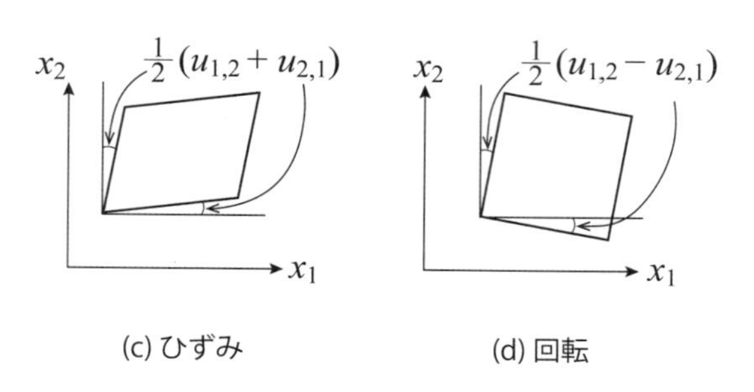

(c) ひずみ　　(d) 回転

図 1.3　変位勾配の分解（ひずみと回転）
（(b〜d) は回転 ≠ 0 の場合を表しており、ひずみはせん断ひずみを表す。回転 = 0 のときには、ひずみは縦ひずみになる。）

合を考えるということに相当する。また $u_{1,2} < u_{2,1}$ の場合には、(c) の x_1 軸に沿った $(u_{1,2} + u_{2,1})/2$ に、(d) の x_1 軸に沿った時計回りの $(u_{1,2} - u_{2,1})/2(< 0)$[反時計回りに $|(u_{1,2} - u_{2,1})/2|$] を重ねて (b) になる。以上の説明は、変位勾配に数値の具体例を代入してみればより理解しやすい。なお上記においては x_1 軸に沿った角度について説明したが、同様にして x_2 軸に沿った角度についても (c) に (d) を重ねることにより (b) になる。(c) はせん断ひずみ e_{12}、(d) は回転 ω_{12} を表している。なお (c) のせん断ひずみの x_1 軸、x_2 軸のそれぞれに隣接する分を足し合わせ、変形部分が x_1 軸に沿った、あるいは x_2 軸に沿った平行四辺形と見えるようにすると、工学ひずみのせん断ひずみ $\gamma_{ij}[= 2e_{ij}\ (i \neq j)]$ と定義されるひずみが現れる (図 1.4 参照)。

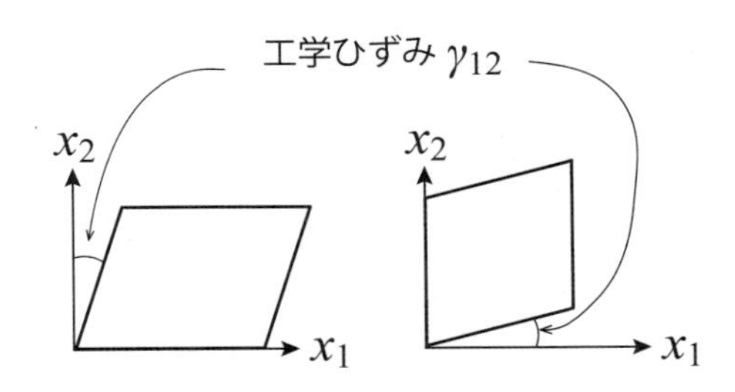

図 1.4　工学ひずみの一例

回転がない場合、例えば $\omega_{11} = 0$ で $e_{11} = u_{1,1}$、$\omega_{22} = 0$ で $e_{22} = u_{2,2}$ はそれぞれ x_1 軸方向、x_2 軸方向の縦ひずみを表す。縦ひずみについては、弾性力学の定義と工学ひずみの定義は同じになる。

1.2.3 適合方程式

e_{ij} が既知である場合に u_i を決定することを考えると、3 個の未知 u_i に対し、6 個の式が存在するので、e_{ij} にある制約が与えられない限り、一価連続な解 u_i は存在しないことになる。ここに、ひずみ成分の間には次の関係式が成り立つ。

$$\begin{aligned} e_{ij,kl} &= \frac{1}{2}(u_{i,jkl} + u_{j,ikl}) \\ &= \frac{1}{2}(u_{i,lkj} + u_{l,ikj}) + \frac{1}{2}(u_{k,jil} + u_{j,kil}) - \frac{1}{2}(u_{k,lij} + u_{l,kij}) \\ &= e_{il,kj} + e_{kj,il} - e_{kl,ij} \end{aligned} \tag{1.2}$$

ここで、$u_{i,jkl} = \partial^3 u_i / \partial x_j \partial x_k \partial x_l$ である。この式は 81 個の式からなるが独立なものは次の 6 式となる。

$$e_{11,23} = (e_{12,3} - e_{23,1} + e_{13,2})_{,1}\,, \tag{1.3}$$

$$e_{22,13} = (e_{12,3} + e_{23,1} - e_{13,2})_{,2}\,, \tag{1.4}$$

$$e_{33,12} = (-e_{12,3} + e_{23,1} + e_{13,2})_{,3}\,, \tag{1.5}$$

$$2e_{12,12} = e_{11,22} + e_{22,11}\,, \tag{1.6}$$

$$2e_{23,23} = e_{22,33} + e_{33,22}\,, \tag{1.7}$$

$$2e_{13,13} = e_{33,11} + e_{11,33} \tag{1.8}$$

式 (1.3)〜(1.8) はサンブナン (Saint Venant) の適合方程式 (equations of compatibility) と呼ばれる[*2]。さらに詳しくは、文献（2）を参照されたい。

[*2] 一例として座標 x_1 と x_2 の関数 $e_{11}(x_1, x_2)$、$e_{22}(x_1, x_2)$、$e_{12}(x_1, x_2)$ が与えられ、その他のひずみ成分 = 0 と与えられる場合を考える。$e_{33} = u_{3,3} = 0$、$e_{23} = (u_{2,3} + u_{3,2})/2 = 0$、$e_{31} = (u_{3,1} + u_{1,3})/2 = 0$ は、$u_3 = 0$ と、x_1 と x_2 の関数 $u_1 = u_1(x_1, x_2)$、$u_2 = u_2(x_1, x_2)$ を考えることにより満足される。そこで残りの $e_{11}(x_1, x_2) = u_{1,1}$、$e_{22}(x_1, x_2) = u_{2,2}$、$e_{12}(x_1, x_2) = (u_{1,2} + u_{2,1})/2$ なる三つの偏微分方程式を解いて二つの未知関数 u_1、u_2 を決定するには、与える e_{11}、e_{22}、e_{12} が $2e_{12,12} = u_{1,212} + u_{2,112} = e_{11,22} + e_{22,11}$［式 (1.6)］を満足するものでないといけないことがわかる。なおこの例において式 (1.3)〜(1.8) のうち式 (1.6) 以外の式が、与えられたひずみ成分により満足されることは容易にわかる。

1.2.4 平衡方程式

a. 応力成分の符号

応力成分を τ_{ij} と表す。ここに指標の一つはその応力が作用している面の法線方向を表し、もう一つの指標は力の方向を表す。このとき τ_{ij} の符号について以下のように定義する。

- i、j の方向が共に座標軸の正あるいは共に負のとき、$\tau_{ij} > 0$
- i、j の方向の符号が異なるとき、$\tau_{ij} < 0$

b. 力（主語・目的語）と作用反作用

はじめに力について復習しておく。「A が B に力を及ぼす。」というように、力は主語が目的語に及ぼすものである。力について議論するには、主語と目的語の両方を特定する必要がある。主語だけ、あるいは目的語だけを特定しても力の議論はできない。また図 1.5 に示すように主語と目的語を入れ替えて考えることを作用反作用を考えるという。作用と反作用では、力の大きさは同じで、方向は逆になる。なお以上のことはモーメントについても同様である。

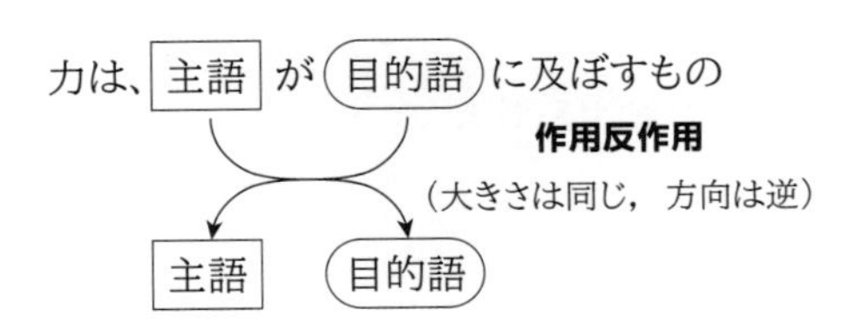

図 1.5　作用と反作用

応力で考えてみる。物体の左側と右側がつながっており、応力を作用しあっている状況において、図 1.6 に示すように両側を仮想的に分離して表現する。右側の部分に書いてある τ_{11} は左側の部分（主語）が右側の部分（目的語）に及ぼす応力であり、左側の部分に書いてある τ_{11} は右側の部分（主語）が左側の部分（目的語）に及ぼす応力である。それぞれに τ_{11} が作用しており、作用反作用により大きさは等しく、方向は逆になっている。τ_{12} についても同様である。なおこの例では、x_2 軸に平行な面で両側を仮想的に分離することにより、主語と目的語が特定でき、応力を考えることができている。このように応力を考えるには、主語と目的語を出現させる面を定めることが必須である。別の表現をすれば、次のようになる。応力は単位面積当たりに作用する力である。したがって応力を考えるには、その面積を与える面をまず定める必要がある。その面により主語と目的語が出現する。次に、その両者間で及ぼされる力を単位面積当たりで考える、それが応力を考えるということである。

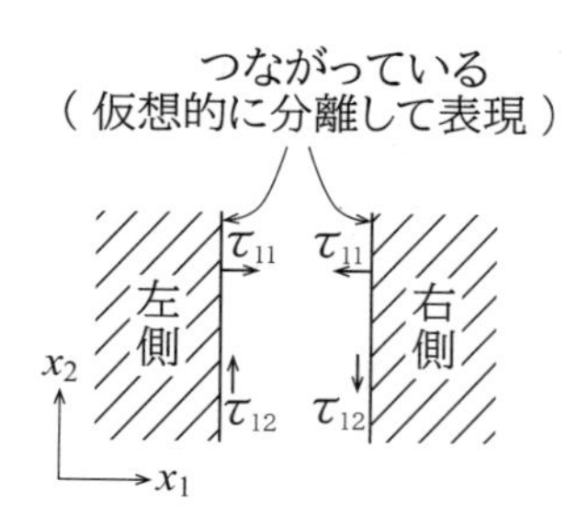

図 1.6　応力の作用反作用の一例 ($\tau_{11}, \tau_{12} > 0$ の場合)

c. モーメントと力の釣り合い

図 1.7 に示すような微小直方体を考えると、モーメントの釣り合いより

$$\tau_{ij} = \tau_{ji} \qquad \text{（対称性）} \tag{1.9}$$

が成り立つ。これより、指標の数字の一番目、二番目ということは関係なく、どちらでもよいが一つが面の法線方向を、もう一つが力の方向を

表すことになる。式（1.9）について、一例として後述する1.3.1項が参考になる。

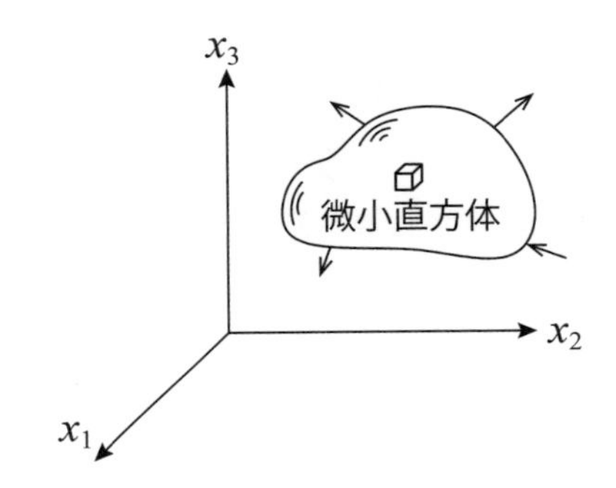

図 1.7　力を受ける物体における微小直方体

さて微小部分の力の釣り合いを考えると、総和規約[*3]を用いて

$$\tau_{ij,i} + F_j = 0 \qquad (\tau_{ij,j} + F_i = 0 \text{ でもよい}) \tag{1.10}$$

が成り立つ。これが平衡方程式（equations of equilibrium）である。ここで $\tau_{ij,i}$ は $\partial\tau_{ij}/\partial x_i (= \partial\tau_{1j}/\partial x_1 + \partial\tau_{2j}/\partial x_2 + \partial\tau_{3j}/\partial x_3)$ のことであり、F_j は x_j 方向の体積力 (面を介してではなく単位体積に直接働く力) の成分を表す。一例として x_1 軸方向の釣り合い（$j = 1$）について特別な場合を取り上げて考えてみよう。τ_{11} のみ作用し、$F_1 = 0$ で、τ_{11} 以外の応力成分が 0 の場合を考えると、図 1.7 に示す微小直方体が静止しているためには、$\tau_{11,1} = 0$ でなければならないことは明らかである。同様

[*3] 総和規約 (summation convention): 指標の反復はその指標のとる範囲についての和を表すものとして、記号 Σ を省略する。例えば、$j = 1$ のときは

$$\tau_{ij,i} = \tau_{i1,i} = \tau_{11,1} + \tau_{21,2} + \tau_{31,3}$$

これは $\tau_{j1,j}$ とも書ける。すなわち反復指標は i でも j でも同じであり、i とか j の意味はなくなっている。また応力の対称性 $\tau_{j1} = \tau_{1j}$ より $\tau_{j1,j} = \tau_{1j,j}$、同様にして式 (1.10) の左辺について $\tau_{ij,i} = \tau_{ji,i}$ となる。さらに j のところを i と書けば、反復指標はどんな記号でもよいので元の i を k に置き換え、$\tau_{ik,k} = \tau_{ij,j}$ と書くことができる。この $\tau_{ij,j}$ が式 (1.10) の括弧内左辺の表現である。

にして $F_1 = 0$ で τ_{21} のみ作用する場合を考えれば、$\tau_{21,2} = 0$ が成り立ち、$F_1 = 0$ で τ_{31} のみ作用する場合を考えれば、$\tau_{31,3} = 0$ が成り立つ。このように $\tau_{ij,i}$ の各項が力の釣り合いに関与することがわかる。なお τ_{22}、τ_{33}、τ_{32} は x_1 軸方向の力の釣り合いに寄与しない。式（1.10）は以上の単純な場合を含んで、より一般の場合に成り立つ。

慣性力は負方向の体積力であるため、体積力として慣性力を考える場合は質量密度を ρ_m、時間を t と表して

$$\tau_{ij,i} - \rho_m \frac{\partial^2 u_j}{\partial t^2} = 0 \quad \rightarrow \quad \tau_{ij,i} = \rho_m \frac{\partial^2 u_j}{\partial t^2} \tag{1.11}$$

$$\left(\tau_{ij,j} = \rho_m \frac{\partial^2 u_i}{\partial t^2} \text{でもよい}\right)$$

式 (1.11) は運動方程式 (equations of motion) である。

本項の最後に、任意の向きの微小面積要素に作用する単位面積当たりの力である応力ベクトルと応力成分の間の関係について記しておく。微小面積要素の単位法線ベクトルの方向余弦を λ_i、応力ベクトルの成分を T_i と表すと、T_i と τ_{ij} の関係は次式で与えられる。

$$T_i = \tau_{ij}\lambda_j (= \tau_{ji}\lambda_j) \tag{1.12}$$

式 (1.12) はコーシー（Cauchy）の公式と呼ばれる。一例として面積要素の単位法線ベクトルが x_1 軸の正方向に一致し、$\lambda_1 = 1$、$\lambda_2 = \lambda_3 = 0$ なる場合を考えると、式 (1.12) より $T_1 = \tau_{11}$、$T_2 = \tau_{12}$、$T_3 = \tau_{13}$ となる。

1.2.5 構成方程式

ひずみと応力の線形関係は次式のように表現できる。

$$\tau_{ij} = c_{ijkl} e_{kl} \tag{1.13}$$

ここに係数 c_{ijkl} は弾性定数であり、81 個存在する。式 (1.13) は広義のフックの法則 (generalized Hooke's law) と呼ばれる。等方弾性体の場合には式 (1.13) は

$$\tau_{ij} = \lambda_L I_e \delta_{ij} + 2\mu_L e_{ij} \tag{1.14}$$

となる。ここで、I_e は $e_{ii}(= e_{11} + e_{22} + e_{33} = u_{1,1} + u_{2,2} + u_{3,3} = \mathrm{div}\, \boldsymbol{u})$ で表される体積ひずみである。なお $\boldsymbol{u}$ は変位ベクトルである。δ_{ij} はクロネッカーのデルタ (Kronecker delta) と呼ばれ次のように定義される。

$$\delta_{ij} = \begin{cases} 1 & (i = j) \\ 0 & (i \neq j) \end{cases} \tag{1.15}$$

λ_L、μ_L はラメ (Lamé) の定数と呼ばれ、縦弾性係数 (ヤング率)(Young's modulus) を E、ポアソン比 (Poisson's ratio) を ν と表して、次のようにこれらと関係付けられる。

$$\lambda_L = \frac{E\nu}{(1+\nu)(1-2\nu)}, \tag{1.16}$$

$$\mu_L = \frac{E}{2(1+\nu)} \tag{1.17}$$

ここに μ_L はせん断弾性係数である。式 (1.14) が等方弾性体の構成方程式 (constitutive equations)*4である。なお一例として $e_{11} > 0$ 、$e_{22} = e_{33} = -\nu e_{11}$、せん断ひずみ$= 0$ なる単軸引張りの場合を考えると、式 (1.14) は $\tau_{11} = Ee_{11}$ となる。式 (1.14) では τ_{ij} を e_{ij} で表現したが、e_{ij} を τ_{ij} で表現すると、

$$e_{ij} = \frac{1+\nu}{E}\tau_{ij} - \frac{\nu}{E}\Theta\delta_{ij} \tag{1.18}$$

ここで、$\Theta \equiv \tau_{ii}(= 3 \times$ 静水圧) である*5。

静的問題を対象とするとき、1.2.1 項に列記した式の中で物性値を含むのは構成方程式のみである。解析の対象としている物体が、ステンレ

*4 異方性材料の弾性定数等については、例えば文献 (3)、(4) を参照されたい。

*5 体積力 F_i が一定であれば、ラプラシアンを ∇^2 と表して

$$\nabla^2\Theta = 0 \quad (\text{静水圧は調和関数になる})$$

これは、構成方程式を適合方程式に代入し、適合方程式を応力成分で表す [ベルトラミ・ミッチェル (Beltrami-Michell) の適合方程式] ことにより導かれる。
〈次ページの欄外に続く〉

ス鋼でできているのか、アルミニウムでできているのかというような情報は、この式の物性値の記号に対応する数値を入力して考慮されることになる。なお動的問題の場合には、さらに運動方程式に ρ_m が物性値として含まれる。

1.2.6 ナビエの方程式

構成方程式に変位とひずみの関係式を代入すると

$$\tau_{ij} = \lambda_L u_{k,k}\delta_{ij} + \mu_L(u_{i,j} + u_{j,i}) \tag{1.19}$$

となる。さらにこれを運動方程式に代入すると

$$\mu_L u_{j,ii} + (\lambda_L + \mu_L)u_{i,ij} = \rho_m \frac{\partial^2 u_j}{\partial t^2}$$

[ナビエの方程式 (Navier′s equations)]　　(1.20)

が得られる。ここで、$u_{j,ii} = \nabla^2 u_j = \partial^2 u_j/\partial x_1^2 + \partial^2 u_j/\partial x_2^2 + \partial^2 u_j/\partial x_3^2$、$u_{i,ij} = \partial(\mathrm{div}\ \boldsymbol{u})/\partial x_j$ である。なお式 (1.20) においてさらに体積力の成分 F_j を考慮する場合には、左辺に $+F_j$ が付け加わることになる。式 (1.20) を満足する変位成分 u_j が求まれば、それは、変位とひずみの関係式、構成方程式、平衡方程式 (運動方程式) を満足する解が求まったことになり、あとはそれが適合方程式を満足することを確認しておけばよい。なお求まった u_j を変位とひずみの関係式に代入すれば e_{ij} が求まり、それを構成方程式に代入すれば τ_{ij} も求まることになる。弾性力学の問題を解くに際して、いろんな方法がある。その中で、ナビエの方

式 (1.18) より体積ひずみは次のように表される。

$$e_{ii} = \frac{1-2\nu}{E}\Theta$$

ν は 0~0.5 の値をとる。$\nu = 0.5$ のときは Θ の値によらず $e_{ii} = 0$ となる。このような材料を非圧縮性材料（変形しても体積が変化しない材料）と呼ぶ。筋肉とか皮膚の ν は 0.5 に近い。一方、岩石の ν は 0 に近い。機械・構造用の鋼の ν は 0.3 に近い。

程式を解くことに帰着させるやり方は、問題を3個の変位成分を求めることに絞っているところに特徴がある。

なお式 (1.20) は流体力学のナビエ・ストークスの運動方程式 (Navier-Stokes' equation of motion)[5a] とほとんど同じであることを付記しておく［演習問題1（1.4）参照］。

1.2.7 熱応力

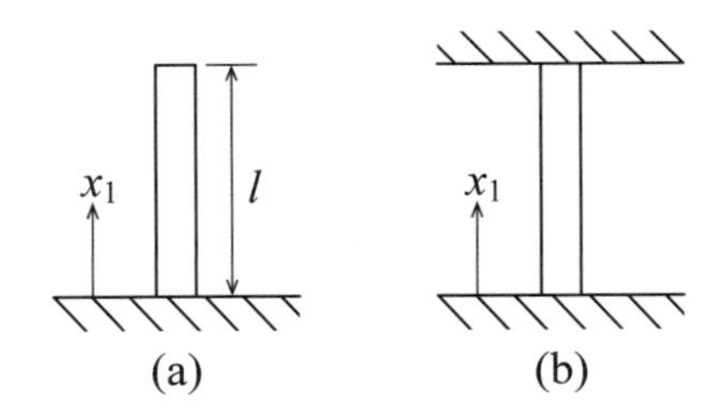

図 1.8　単軸棒の熱応力

材料の温度が一様に増加すると膨張が生じる。図 1.8(a) に示すように長さ l、線膨張係数 α なる棒が下端を床に固定された状態で温度が $\Delta T\ (> 0)$ 上昇すると、$\alpha l \Delta T$ だけ自由膨張する。これによる図中に示した x_1 方向の縦ひずみは $\alpha l \Delta T / l = \alpha \Delta T$ である。このように温度変化に伴う自由膨張あるいは冷却の場合の自由収縮による縦ひずみのことを熱ひずみと呼ぶ。今の例の熱ひずみ e_{11}^t は $\alpha \Delta T$ である。なお熱ひずみによって応力は生じない。次に e_{11}^t なる熱ひずみを生じている棒を x_1 方向に外力により引張ると、棒はさらなる伸び $(\Delta l)^e$ を示し、これによる縦ひずみは $(\Delta l)^e / l$ となる。これは弾性ひずみ e_{11}^e であり、これによりヤング率を E として応力 $\tau_{11} = E(\Delta l)^e / l$ が発生する。熱ひずみと弾性ひずみを足し合わせたひずみが全ひずみ $e_{11} (= e_{11}^t + e_{11}^e)$ である。応力は、弾性ひずみ (= 全ひずみ − 熱ひずみ) により生じる。

ここで図 1.8(b) のように上下両端を壁に固定された初期に応力

$= 0$ なる棒が温度上昇 $\Delta T(> 0)$ を受ける状況を考えてみる。温度上昇による上下両端の壁の距離の変化はないものとする。このとき $e_{11} = 0$ であることより、$e^e_{11} = 0 - e^t_{11} = -\alpha\Delta T$ となることを考慮して、$\tau_{11} = Ee^e_{11} = -\alpha E\Delta T(< 0)$ となり、棒には圧縮応力が作用することがわかる。このように拘束があることに起因して温度変化により生じる応力を熱応力 (thermal stress)(6a) という。拘束がなく材料が自由に膨張または収縮できるときには、材料内に応力は生じない。

機械・構造物には高温部材が存在する場合も多い。その変位を計測して、それから直接に求められるひずみは弾性ひずみではなく全ひずみである。したがってこれにフックの法則を直接適用して、式 (1.14) の e_{ij} に全ひずみを代入して応力を評価することは間違いであることに注意を要する。温度変化 ΔT による応力成分 τ_{ij} と全ひずみ成分 e_{ij} の関係には、式 (1.14) の右辺に $-\alpha(3\lambda_L + 2\mu_L)\Delta T\delta_{ij}$ を加えたデュアメル・ノイマン (Duhamel-Neumann) の法則と呼ばれる式を使わなければならない。

1.2.8 応力集中

図 1.9 に示すように長軸の長さ $2a$、短軸の長さ $2b$ のだ円孔を有する無限の広さの平板が、図中に示した x_2 方向に遠方で一様な引張応力 τ^0_{22} を受ける状況を考える。だ円孔がなければ、図中の x_1 軸上で一様に分布する垂直応力 $\tau_{22} = \tau^0_{22}$ が作用する。これに対し、だ円孔が存在する場合には、板厚 × 長軸の長さ分だけ外応力に抗する面積が小さいため、その分に相当する力がだ円孔の長軸の両端付近に集中的に分布する応力として加わる。このように応力が局所的に増大する現象のことを応力集中 (stress concentration) という。だ円孔の長軸の両端では τ_{22} が次式で与えられる最大値 $\tau^{\max}_{22}$ をとる (6a)。

$$\tau_{22}^{\max} = \tau_{22}^{0}\left(1 + 2\sqrt{\frac{a}{\rho^*}}\right) \tag{1.21}$$

ここに ρ^* は長軸端の曲率半径である。最大応力と一様な負荷応力の比 $\beta(=\tau_{22}^{\max}/\tau_{22}^{0})$ を応力集中係数と呼ぶ。図 1.9 で $a = b$ なる場合は円孔となり、このとき $\rho^* = a$ となることより、$\beta = 3$ となる。また $a \gg b$ なる場合には、だ円孔は扁平になってき裂とみなせるようになり、ρ^* が非常に小さくなることより、$\tau_{22}^{\max}$ は非常に大きな値をとる。以上は遠方で τ_{22}^{0} が作用する場合の説明であるが、参考までに付録 1.1 には、遠方ではなくき裂面に内圧として τ_{22}^{0} が作用する問題における応力集中について記す。

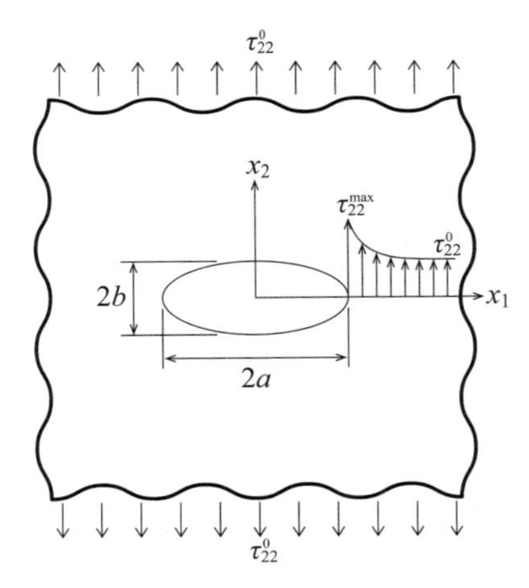

図 1.9　応力集中

一般に材料の隅部には応力集中が生じる。それを低減するには、材料表面に沿って急角度をなす屈折部分を作らないように、適する曲率半径の丸みを隅部に付して、屈折が緩やかに形成されるようにすることが代表的な対策となる。

1.2.9 平面応力と主応力

材料表面の部分に面外から外力が作用していないとき、当該面素の法線方向を x_3 軸とし、面上に $x_1 - x_2$ 面がある座標系 (x_1, x_2, x_3) を導入すると、同表面部分の材料内で $\tau_{13} = \tau_{23} = \tau_{33} = 0$ となる。このような応力状態を x_1、x_2 面に平行な平面応力（plane stress）という。これは厚さの薄い平板に、その面に沿った方向にのみ成分をもつ外力が作用する場合の板内の応力状態 (6a) と同様である。図 1.10 に例示するような曲面の表面についても、斜線を施した小さい部分の応力状態は平面応力として扱える。

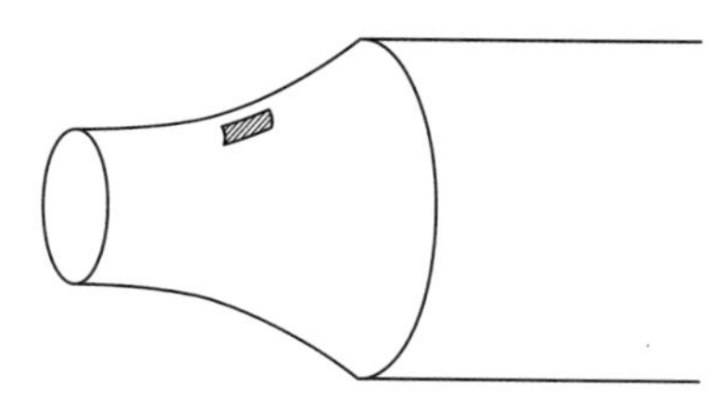

図 1.10　平面応力状態にある曲面の一例

ここで図 1.11 に示すように x_1-x_2 面内で平面応力状態にある材料表面内の一点 B を考える。点 B を通る傾いた面 ab に注目すると、一般に面に垂直な応力と面に沿ったせん断応力が作用している。点 B を中心にして面 ab を x_1-x_2 面内で回転すると、ある傾きになったときにせん断応力 = 0 となる。その状態の面 ab のことを主応力面と呼ぶ。主応力面に作用する垂直応力を主応力 (principal stress) という。通常、主応力面は一点で直交して二つ存在する。そのうち一つの主応力面 (主応力面 1 と呼ぶことにする) に働く主応力 τ_1 は、対象としている一点を通る面でせん断応力も作用する場合に働く垂直応力と比べたとき、最大となる。もう一つの主応力面（主応力面 2）に働く主応力 τ_2 は最小となる。これより垂直応力に起因してき裂等の材料のダメージが生じる場合を考えると、主応力面 1 に注目する必要があることになる。

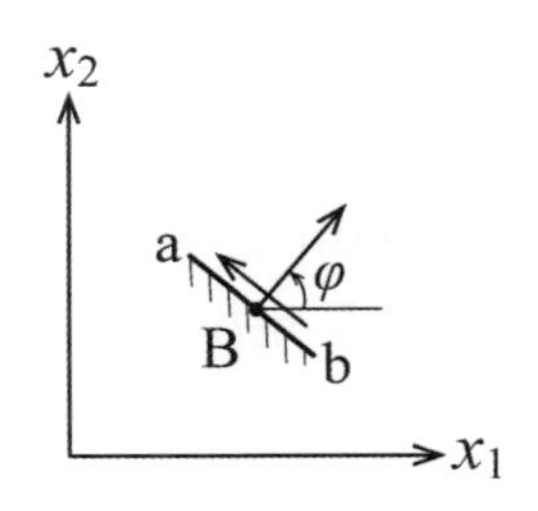

図 1.11　平面応力状態にある表面内の
点 B を通る面素に作用する応力

一つの特別な場合について触れておこう。物体の形状と力のかかり方の両方について対称な面にはせん断応力は作用しない。このことはこの対称面を挟んだ両側の材料間でせん断応力は及ぼされないことより明らかである。したがってこのような対称面は主応力面である。これを踏まえ、上記のように一般には主応力面は一点で直交して二つ存在するが、そのようにならない特異な場合もあることを一例により示しておく。円板の外周に沿って一様な水圧が加わるとき、円板の直径を含む断面は主応力面であり、円板の中心では無数の主応力面が交わることになる。

1.2.10 ひずみ測定と応力評価

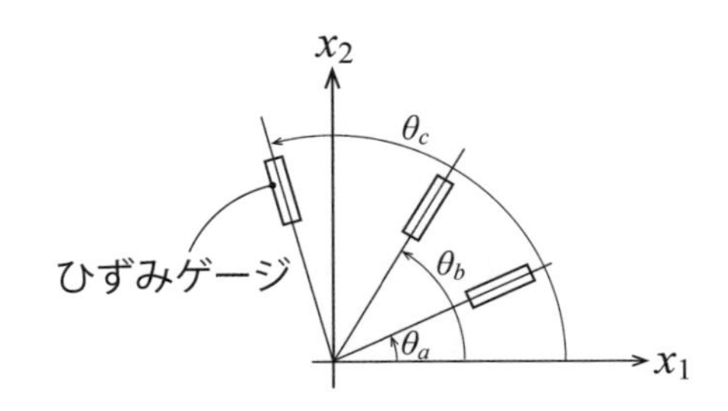

図 1.12　ひずみゲージによるひずみ測定

機械等における応力評価について考えてみよう。応力は直接には測定できない。ひずみの測定を行い、フックの法則を介して応力を決定する。ひずみの測定は、一般には物体表面にひずみゲージ (strain gauge) を貼り付けて、無負荷状態から負荷状態への変化に伴うひずみゲージの応答を計測して行う。図 1.12 に示すように材料表面 (x_1-x_2 面) 内で任意の方向に x_1 軸を定め、ひずみゲージにより x_1 軸からの任意の角度 θ_a、θ_b、θ_c なる三方向の伸びひずみ e_a、e_b、e_c を計測すれば、次式よりひずみ成分 e_{11}、e_{22}、e_{12} が求められる [6a]。

$$\begin{Bmatrix} e_{11} \\ e_{22} \\ 2e_{12} \end{Bmatrix} = \begin{bmatrix} \cos^2\theta_a & \sin^2\theta_a & \sin\theta_a\cos\theta_a \\ \cos^2\theta_b & \sin^2\theta_b & \sin\theta_b\cos\theta_b \\ \cos^2\theta_c & \sin^2\theta_c & \sin\theta_c\cos\theta_c \end{bmatrix}^{-1} \begin{Bmatrix} e_a \\ e_b \\ e_c \end{Bmatrix} \tag{1.22}$$

式 (1.22) を平面応力状態に対する次式に代入すれば、応力成分 τ_{11}、τ_{22}、τ_{12} が求まる。

$$\left.\begin{aligned} \tau_{11} &= \frac{E}{1-\nu^2}(e_{11}+\nu e_{22}), \\ \tau_{22} &= \frac{E}{1-\nu^2}(\nu e_{11}+e_{22}), \\ \tau_{12} &= 2\mu_L e_{12} \end{aligned}\right\} \tag{1.23}$$

そして式 (1.23) を次式に代入すれば、主応力 τ_1、τ_2 が求められる。

$$\left.\begin{aligned} \tau_1 \\ \tau_2 \end{aligned}\right\} = \frac{1}{2}(\tau_{11}+\tau_{22}) \pm \frac{1}{2}\sqrt{(\tau_{11}-\tau_{22})^2+4\tau_{12}^2} \tag{1.24}$$

また主応力面 1 の法線が x_1 軸となす角を φ_0（図 1.11 に示す φ のように反時計回りを正とする）と表せば、$\tau_{11} > \tau_{22}$ のときは

$$\varphi_0 = \frac{1}{2}\cos^{-1}\left\{\frac{\tau_{11}-\tau_{22}}{\sqrt{(\tau_{11}-\tau_{22})^2+4\tau_{12}^2}}\right\} \tag{1.25}$$

$\tau_{11} < \tau_{22}$ のときは

$$\varphi_0 = \frac{1}{2}\cos^{-1}\left\{\frac{\tau_{11} - \tau_{22}}{\sqrt{(\tau_{11} - \tau_{22})^2 + 4\tau_{12}^2}}\right\} - \frac{\pi}{2} \tag{1.26}$$

により φ_0 が求まる。なお $\tau_{11} = \tau_{22}$ のときは、$\tau_{12} > 0$ であれば $\varphi_0 = \pi/4$、$\tau_{12} < 0$ であれば $\varphi_0 = -\pi/4$ となる。

1.2.11 残留応力

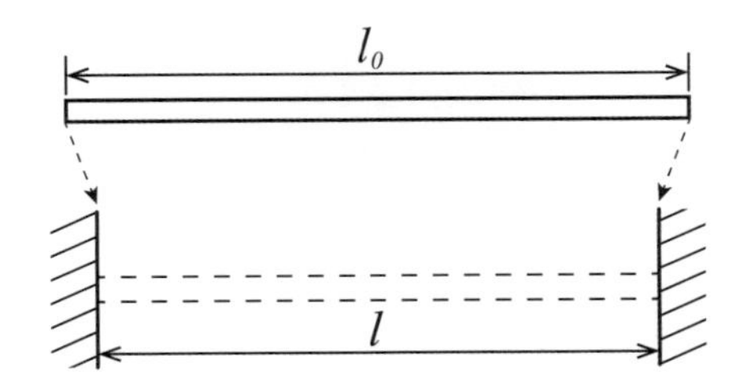

図 1.13　剛体壁間の棒に働く残留応力

図 1.13 に示すように長さ l_0 なる棒を l だけ離れた剛体壁間に挿入することを考える。$l_0 > l$ であり、圧縮荷重を加えながら棒を剛体壁間に挿入し、その後加えていた圧縮荷重を除荷すると、棒は元の長さ l_0 に戻ろうとするが、剛体壁がそれを阻止し、棒内部には圧縮応力が生じる。このように、材料の加工等により一時的に応力が加えられた後、外力が除荷された状態においてもなお材料内部に残った応力を残留応力 (residual stress) という。

近年ではマイクロエレクトロニクス分野の発展に伴い、Si 基板上に堆積した薄膜が広く用いられている。そこでは薄膜を成膜した後に生じる残留応力が損傷要因になることも多い。当該残留応力の発生は成膜前に平坦な基板に反りを誘発する。図 1.14 に示す薄膜内の残留応力 τ_{11}、

τ_{22} は

$$\tau_{11} = \tau_{22} = -\frac{h_s^2 E_s}{6h_f R(1-\nu_s)} \tag{1.27}$$

により評価される。ここに h_f、h_s はそれぞれ薄膜、基板の厚さであり、E_s は基板のヤング率、ν_s は基板のポアソン比、R は基板の反りの曲率半径である。式 (1.27) はストーニー (Stoney) の式 [7] と呼ばれ、基板の反りを測ることで R を求めれば、この式により薄膜内の残留応力を推定することができる［演習問題 1（1.5）参照］。

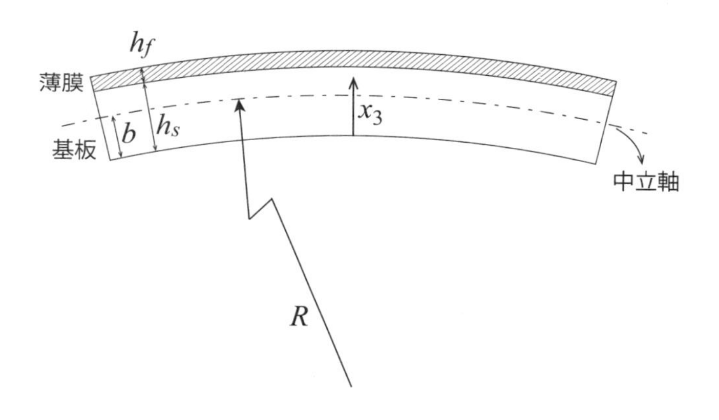

図 1.14　基板上に成膜された薄膜

1.2.12 有限要素法の基礎の概観

はじめに単純な例を取り上げ、有限要素法（finite element method）の概略を見てみよう。図 1.15 に示すように $x_1 - x_2$ 面内に薄板があり、面内の静的な力を受けており、この物体を図に示すように三角形要素で分割する場合を考える。各要素はそれぞれバラバラに切られており、それらを挿入図に記すように複数の要素が重なった頂点（節点と呼ぶ）にピンを刺して結合する。そして外力が作用するというのを、ピンに外力が作用すると考える。外力が作用していないピンには 0 という外力が作用すると考え、また固定されている節点については、ピンの変位＝0と考える。物体に外力が作用すると、ピンで連結された要素を介して、全ての節点に力が伝達される。ここに三角形の辺を介しては力は伝達されない。任意の一節点で考えられる物理量は、各座標軸方向に節点力と節点変位の二つである。最終的に、付録1.2に記すように、節点力と節点変位の間の連立一次方程式が得られ、未知量の数と式の数が等しくなり、連立方程式を解くことができ、未知量が全て求まり、物体の変形後の形がわかるということになる。

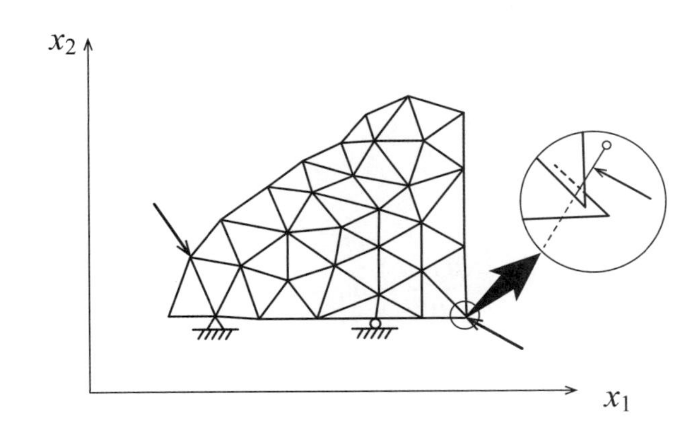

図 1.15　有限要素法における要素分割例と要素の連結の概念的把握

線形弾性体の静的問題の解析を例に、変分原理 (variational principle) を用いる方法 [リッツ法 (Ritz procedure) とも呼ばれる [8]] について簡単に説明する。体積 V なる線形弾性体の表面 S のうち境界 S_F 上で応力ベクトルの成分が $\overline{T}_i$ と与えられ、さらに成分 F_i の体積力が作用している状況を考える。変位成分を u_i、ひずみ成分を e_{ij}、弾性定数を c_{ijkl} と表し、汎関数 χ を次のように定義する。

$$\chi = \int_V \frac{1}{2} c_{ijkl} e_{kl} e_{ij} dV - \int_V F_i u_i dV - \int_{S_F} \overline{T}_i u_i dS \qquad (1.28)$$

χ の変分 $\delta\chi$ は、u_i の微小変化 δu_i、およびそれに伴う e_{ij} の微小変化 δe_{ij} を用いて、

$$\delta\chi = \int_V \tau_{ij}\delta e_{ij}dV - \int_V F_i\delta u_i dV - \int_{S_F} \overline{T}_i\delta u_i dS \tag{1.29}$$

となる。ここに τ_{ij} は応力成分である。また変位成分の値が与えられる境界 $(S - S_F)$ 上では、$\delta u_i = 0$ とする。なお式 (1.29) の誘導にあたって以下の諸式を使っている。

$$c_{ijkl} = c_{klij} \tag{1.30}$$

および式 (1.13) の関係より

$$\frac{\partial(c_{mnkl}e_{kl}e_{mn}/2)}{\partial e_{ij}}\delta e_{ij} = c_{ijkl}e_{kl}\delta e_{ij} = \tau_{ij}\delta e_{ij} \tag{1.31}$$

また

$$\frac{\partial(F_i u_i)}{\partial u_i}\delta u_i = F_i\delta u_i, \tag{1.32}$$

$$\frac{\partial(\overline{T}_i u_i)}{\partial u_i}\delta u_i = \overline{T}_i\delta u_i \tag{1.33}$$

χ の極値を求めるために $\delta\chi = 0$ とすると、

$$\int_V \tau_{ij}\delta e_{ij}dV - \int_V F_i\delta u_i dV - \int_{S_F} \overline{T}_i\delta u_i dS = 0 \tag{1.34}$$

が得られる。式 (1.34) は、体積力も含めた外力仕事の増分がひずみエネルギの増分に等しいことを表しており、有限要素法定式化にあたり基礎となる。

なお式 (1.34) は δu_i を仮想変位の成分として、仮想仕事の原理 (virtual work principle) によっても得られる［演習問題 1 (1.6) 参照］。また動的問題の場合には、時間微分を $(\dot{\ })$ で表し、式 (1.34) の δu_i、δe_{ij} を $\dot{u}_i$、$\dot{e}_{ij}$ と書き換え、さらに質量密度を ρ_m として慣性力を考慮し、F_i を $F_i - \rho_m\ddot{u}_i$ に置き換えた式が基礎になる（付録 1.2 参照）。

変分原理を用いる方法は汎関数を求めておき、それが極値になる解を求めるものであるが、汎関数が存在する問題のみならず、汎関数が前もって求まらない問題にも適用できるより一般性がある方法に、ガラーキン法 (Galerkin's method) がある [(8)]。ガラーキン法は、変分原理が適用できる問題に対しては変分法と同一の連立方程式を導出する [(9)]。

1.3 波動

1.3.1 波動方程式

線形弾性体の代表的な動的挙動である波動の解析について考えてみよう。はじめに $u_1 = 0$、$u_2 \neq 0$、$u_3 = 0$ なる状況を考える。ここに u_2 は座標 x_1 のみの関数として考える。このとき e_{12} は次式で表される。

$$e_{12} = \frac{1}{2}(u_{1,2} + u_{2,1}) = \frac{1}{2}u_{2,1} \tag{1.35}$$

またフックの法則 [式 (1.14)] より、τ_{12}、τ_{22} は次式で表される。

$$\tau_{12} = 2\mu_L e_{12} = \mu_L u_{2,1} \quad , \tag{1.36}$$

$$\tau_{22} = \lambda_L(e_{11} + e_{22} + e_{33}) + 2\mu_L e_{22} = 0 \tag{1.37}$$

$$(\because\ u_{1,1} = 0,\ u_{2,2} = 0,\ u_{3,3} = 0)$$

運動方程式 [式 (1.11)] より

$$\tau_{12,1} + \tau_{22,2} = \rho_m \frac{\partial^2 u_2}{\partial t^2} \tag{1.38}$$

ここで式 (1.37) から $\tau_{22,2} = 0$ であり、式 (1.38) に (1.36) を代入すれば、

$$\mu_L u_{2,11} = \rho_m \frac{\partial^2 u_2}{\partial t^2} \tag{1.39}$$

式 (1.39) より

$$\frac{\partial^2 u_2}{\partial x_1^2} = \frac{1}{c_T^2}\frac{\partial^2 u_2}{\partial t^2} \quad [\text{波動方程式 (wave equation)}] \tag{1.40}$$

が得られる。ここに c_T（ $= \sqrt{\mu_L/\rho_m}$）は後で説明する横波速度（transverse wave velocity）である。波動方程式 (1.40) は u_2 が座標は x_1 のみの関数であることを、また $u_1 = u_3 = 0$ を考慮して、ナビエの方程式から直接求めることができる。

ここで以上の式で表される状況について、材料内の微小部分の力の釣り合いとモーメントの釣り合いを確認すると以下のようになる。まず当該状況下にある微小部分の応力状態を図 1.16 に示す。

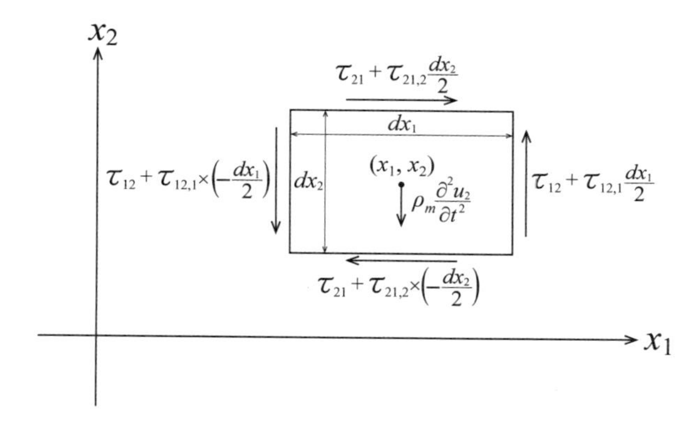

図 1.16　x_1 軸に沿って伝播する横波平面弾性波 ($u_2 \neq 0$) による材料内微小部分の応力状態
(式 (1.37) より $\tau_{22} = 0$ であり、同様にして $\tau_{11} = 0$ である。)

- x_1 方向の力の釣り合い

$$\left(\tau_{21} + \tau_{21,2}\frac{dx_2}{2}\right)dx_1 - \left\{\tau_{21} + \tau_{21,2}\times\left(-\frac{dx_2}{2}\right)\right\}dx_1 = 0$$

$$\rightarrow \quad \tau_{21,2} = 0$$

$$\rightarrow \quad \text{(A)}\ x_2\text{方向に}\tau_{21}\text{は一定}$$

- x_2 方向の力の釣り合い

$$\left(\tau_{12}+\tau_{12,1}\frac{dx_1}{2}\right)dx_2-\left\{\tau_{12}+\tau_{12,1}\times\left(-\frac{dx_1}{2}\right)\right\}dx_2$$

$$-\rho_m\frac{\partial^2 u_2}{\partial t^2}dx_1dx_2=0$$

$$\rightarrow\ \tau_{12,1}=\rho_m\frac{\partial^2 u_2}{\partial t^2}$$

$\rightarrow$ (B) x_1方向にτ_{12}は一定ではない

- モーメントの釣り合い [一例として点 (x_1, x_2) 回りで考える]

$$\left(\tau_{12}+\tau_{12,1}\frac{dx_1}{2}\right)dx_2\frac{dx_1}{2}-\left(\tau_{21}+\tau_{21,2}\frac{dx_2}{2}\right)dx_1\frac{dx_2}{2}$$

$$+\left\{\tau_{12}+\tau_{12,1}\times\left(-\frac{dx_1}{2}\right)\right\}dx_2\frac{dx_1}{2}$$

$$-\left\{\tau_{21}+\tau_{21,2}\times\left(-\frac{dx_2}{2}\right)\right\}dx_1\frac{dx_2}{2}=0$$

$\rightarrow$ (C) $(\tau_{12}-\tau_{21})\,dx_1dx_2=0$

$\rightarrow$ $\tau_{12}=\tau_{21}$ (応力の対称性)

$\rightarrow$ (A) により、x_2方向にτ_{12}は一定

式 (1.40) の波動方程式は、上記のような材料内の微小部分の応力状態を伴って成り立っている。

次に、上記と同様に $u_1\neq 0$、$u_2=u_3=0$ なる状況を考えると、c_T に代わり

$$c_L=\sqrt{\frac{\lambda_L+2\mu_L}{\rho_m}}=\sqrt{\frac{E(1-\nu)}{(1+\nu)(1-2\nu)\rho_m}} \tag{1.41}$$

で表される縦波速度（longitudinal wave velocity）が得られる。

なお以上の記述は、変位が空間的に x_1 のみに依存する平面弾性波 (elastic plane wave)[5b] に対するものであることを記しておく。

1.3.2 波動方程式の解

座標 x_1 と時間 t の次の関数 u_2 を考えてみよう。なお A、λ_w は定数とする。

$$u_2 = A \sin \frac{2\pi}{\lambda_w}(x_1 + c_T t)\,, \tag{1.42}$$

$$u_2 = A \sin \frac{2\pi}{\lambda_w}(x_1 - c_T t) \tag{1.43}$$

これらはいずれも波動方程式 [式 (1.40)] を満たすことが代入することによりわかる[*6]。なおひずみ成分は $e_{12}[= u_{2,1}/2 = A(\pi/\lambda_w)\cos\{(2\pi/\lambda_w)(x_1 \pm c_T t)\}]$ のみで、あとの成分は 0 であり、これらは適合方程式 [式 (1.3)〜(1.8)] を明らかに満足している。

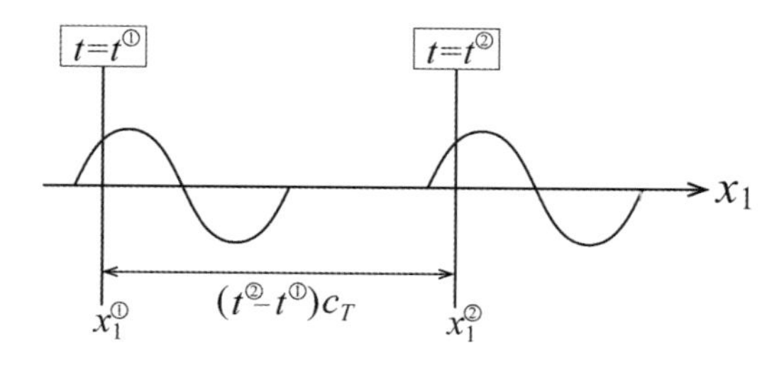

図 1.17　波の伝播を説明する (2) の状況

*6 下記を参考にされたい。

$$\frac{\partial u_2}{\partial x_1} = A\frac{2\pi}{\lambda_w}\cos\frac{2\pi}{\lambda_w}(x_1 \pm c_T t)\,,$$

$$\frac{\partial^2 u_2}{\partial x_1^2} = -A\left(\frac{2\pi}{\lambda_w}\right)^2 \sin\frac{2\pi}{\lambda_w}(x_1 \pm c_T t)\,,$$

$$\frac{\partial u_2}{\partial t} = \pm A\frac{2\pi}{\lambda_w}c_T\cos\frac{2\pi}{\lambda_w}(x_1 \pm c_T t)\,,$$

$$\frac{\partial^2 u_2}{\partial t^2} = -A\left(\frac{2\pi}{\lambda_w}\right)^2 c_T^2 \sin\frac{2\pi}{\lambda_w}(x_1 \pm c_T t)$$

式 (1.42)、(1.43) 中の λ_w、c_T 等の波動に関する基本事項について以下に説明する。

(i) 時間を止めて、x_1 の増加 (任意の x_1 から $x_1+\lambda_w$ への増加) を考えると、u_2 の値は変わらないことより、λ_w は波長を表している。

(2) x_1+c_Tt が一定、あるいは x_1-c_Tt が一定で u_2 は変わらない。たとえば図 1.17 に示す二つの状況①、②について、任意の値 C_0 に対し $x_1^{①}-c_Tt^{①}=C_0$ で $x_1^{②}-c_Tt^{②}=C_0$ のとき、u_2 は状況①と②で変わらない。そして $x_1^{①}-c_Tt^{①}=x_1^{②}-c_Tt^{②}$ より

$$c_T=\frac{x_1^{②}-x_1^{①}}{t^{②}-t^{①}} \tag{1.44}$$

これより式 (1.44) は速度 (今の場合は横波速度) を表すことがわかる。なお

$$x_1-c_Tt \longrightarrow x_1\text{の正方向に伝播する波を表す。}$$
$$x_1+c_Tt \longrightarrow x_1\text{の負方向に伝播する波を表す。}$$

(3) $f(=c_T/\lambda_w)$ は周波数である。

(4) $k(\equiv 2\pi/\lambda_w)$ を波数と呼び、$\omega(=2\pi f)$ を角周波数と呼ぶ (角振動数ともいう)。これらを使うと

$$u_2=A\sin(kx_1+\omega t)\,, \tag{1.45}$$
$$u_2=A\sin(kx_1-\omega t) \tag{1.46}$$

と表現できる。

以上では u_2 を正弦波で表した場合について説明したが、以下に示すようにより一般的に u_2 は単に $x_1\pm c_Tt$ の関数 $u_2(x_1\pm c_Tt)$ と表すこと

ができる*7。そのように表したとき、

$$\frac{\partial u_2}{\partial x_1} = \frac{\partial u_2}{\partial (x_1 \pm c_T t)} \frac{\partial (x_1 \pm c_T t)}{\partial x_1} = \frac{\partial u_2}{\partial (x_1 \pm c_T t)} \tag{1.47}$$

同様にして

$$\frac{\partial^2 u_2}{\partial x_1^2} = \frac{\partial^2 u_2}{\partial (x_1 \pm c_T t)^2} \tag{1.48}$$

また

$$\frac{\partial u_2}{\partial t} = \frac{\partial u_2}{\partial (x_1 \pm c_T t)} \frac{\partial (x_1 \pm c_T t)}{\partial t} = \pm c_T \frac{\partial u_2}{\partial (x_1 \pm c_T t)} \tag{1.49}$$

同様にして

$$\frac{\partial^2 u_2}{\partial t^2} = c_T^2 \frac{\partial^2 u_2}{\partial (x_1 \pm c_T t)^2} \tag{1.50}$$

となり、式 (1.48) と (1.50) は波動方程式 [式 (1.40)] を満足する。

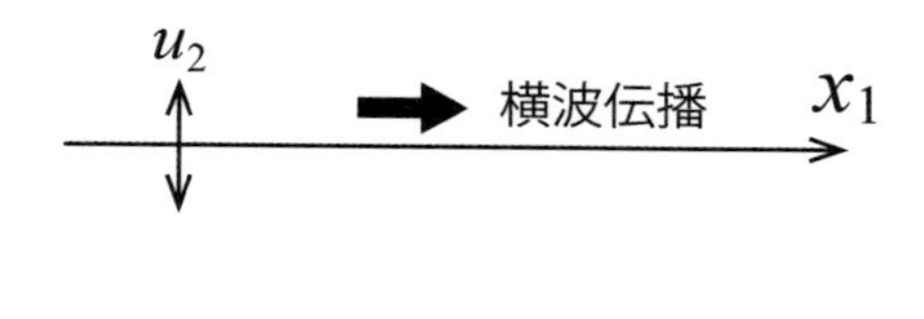

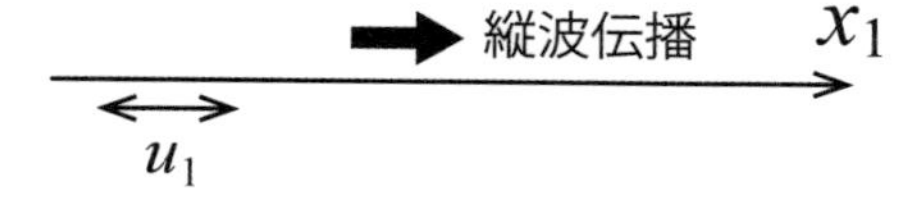

図 1.18　横波と縦波の違い

横波と縦波の違いを図 1.18 に示す。同図の例では、u_2 の強弱が x_1 方向に伝播する波が横波 (粒子の振動方向が波の伝播方向に垂直) であり、

*7 一次元の波動方程式 $\partial^2 w/\partial t^2 = c^2 \partial^2 w/\partial x_1^2$ の解が $x_1 \pm ct$ の関数で表されるのと同様にして、三次元問題の $\partial^2 w/\partial t^2 = c^2(\partial^2 w/\partial x_1^2 + \partial^2 w/\partial x_2^2 + \partial^2 w/\partial x_3^2)$ の解は、$r^2 = x_1^2 + x_2^2 + x_3^2$ として $\phi(r \pm ct)/r$ で表される (10a) [演習問題 1 (1.7) 参照]。

u_1 の強弱が x_1 方向に伝播する波が縦波 (粒子の振動方向が波の伝播方向と同じ) である。

横波、縦波と異なる形態の波もある。参考までに、付録 1.3 にはそのような波の一つである液面に関わる浅水波 (長波ともいう) により生じる津波についての考察を記す。

1.3.3 応力波

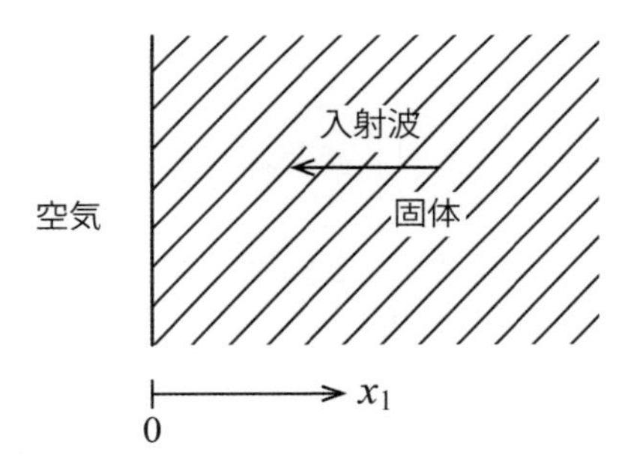

図 1.19　x_1 の負方向に伝播する固体内の入射波

次に波動による応力伝播を考えてみる。例として、図 1.19 のような固体内で x_1 の負方向に伝播する横波を式 (1.42) を踏まえて考えると次式で表される。

$$\tau_{12} = \mu_L u_{2,1} = A\mu_L \frac{2\pi}{\lambda_w} \cos \frac{2\pi}{\lambda_w}(x_1 + c_T t) \tag{1.51}$$

ここで固体と空気の界面における波の反射について考えてみよう。図 1.19 の状況を対象とし、式 (1.51) を入射波とし、界面 $x_1 = 0$ での τ_{12} を考えると、$\tau_{12} \neq 0$ となっており、端面で応力が働かない応力自由 $(\tau_{12} = 0)$ の条件を満足していない。

そこで次のように x_1 の正方向に伝播する波が合わさった状況を考え

てみる。

$$\tau_{12} = A\mu_L \frac{2\pi}{\lambda_w} \cos \frac{2\pi}{\lambda_w}(x_1 + c_T t) + A\mu_L \frac{2\pi}{\lambda_w} \cos \left\{ \frac{2\pi}{\lambda_w}(x_1 - c_T t) + \pi \right\} \tag{1.52}$$

式 (1.52) の右辺第一項は式 (1.51) で表される x_1 の負方向に伝播する波、第二項は x_1 の正方向に伝播する波である。この応力は $x_1 = 0$ で

$$\tau_{12} = A\mu_L \frac{2\pi}{\lambda_w} \cos \frac{2\pi}{\lambda_w} c_T t + A\mu_L \frac{2\pi}{\lambda_w} \left\{ \cos\left(-\frac{2\pi}{\lambda_w} c_T t\right) \cos\pi - \sin\left(-\frac{2\pi}{\lambda_w} c_T t\right) \sin\pi \right\} = 0 \tag{1.53}$$

となり、端面での応力自由の条件を満足する。x_1 の正方向に伝播する波は反射波を表す。$x_1 = 0$ で入射波と反射波は符号が反転していることからわかるように、反射波は入射波に対して位相が反転している (図 1.20 参照)。これは式 (1.52) 右辺の { } 内第二項に π で表されている。

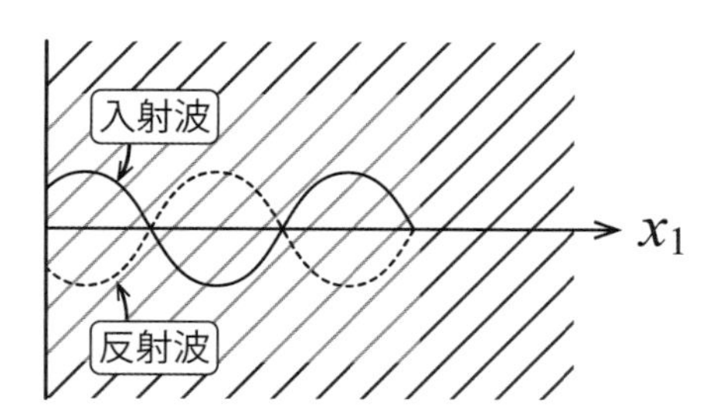

図 1.20　端面で応力自由の条件を満足する入射波と反射波の関係

なお異なる二つの媒質の界面における波の反射と透過 (屈折を含む) については、次の境界条件を考慮して解析することにより様相を知ることができる。固体と固体の界面では、界面に垂直方向、界面に沿った方向の変位の連続性と垂直方向の応力、界面上でのせん断応力の連続性を考慮する。液体と固体の場合には、界面に垂直方向の変位の連続性、垂

直方向の応力の連続性と界面上でのせん断応力 = 0 を考慮することになる。

1.3.4 絃の振動

x_1 方向に張られた長さ l の絃の振動の方程式は横の変位を u_2 とすると

$$\frac{\partial^2 u_2}{\partial t^2} = c^2 \frac{\partial^2 u_2}{\partial x_1^2} \tag{1.54}$$

となる。ここに絃の張力を T、絃の単位長さ当たりの質量を ρ_l として、$c^2 = T/\rho_l$ である。この方程式は x_1 の二階微分を含んでいるので、x_1 について二つの境界条件の元に解く。また t の二階微分を含んでいるので、t について二つの初期条件の元に解く。これら四つの条件を以下のように与える場合を考えてみる。

$$x_1 = 0, x_1 = l \text{ で } u_2 = 0 \text{（両端固定）}, \tag{1.55}$$

$$t = 0 \text{ で } u_2 = f(x_1), \partial u_2/\partial t = F(x_1) \tag{1.56}$$

ここに $f(x_1)$ は初期変位の分布、$F(x_1)$ は初速度の分布を示す。

u_2 の一般解は、フーリエ (Fourier) 級数を使って次のように求められる。

$$u_2 = \sum_{m=1}^{\infty} (A_m \cos \omega_m t + B_m \sin \omega_m t) \sin \frac{m\pi}{l} x_1 \tag{1.57}$$

ここに

$$\left.\begin{aligned} \omega_m &= c\frac{m\pi}{l}, \\ A_m &= \frac{2}{l}\int_0^l f(\xi)\sin\frac{m\pi}{l}\xi d\xi, \\ B_m &= \frac{2}{l\omega_m}\int_0^l F(\xi)\sin\frac{m\pi}{l}\xi d\xi \end{aligned}\right\} \tag{1.58}$$

ところで先に式 (1.40) を解いて波動伝播を得た。上記の式 (1.54) は (1.40) と同じ形をしている。それでは絃の振動において、波動伝播はどのようになっているのであろうか。これについて以下に記す。

まず式 (1.57) の A_m の係数と B_m の係数が次のように $x_1 \pm ct$ の関数に変形できることに注目する。

A_m の係数：

$$\cos\omega_m t \sin\frac{m\pi}{l}x_1 = \frac{1}{2}\left\{\sin\frac{m\pi}{l}(x_1 - ct) + \sin\frac{m\pi}{l}(x_1 + ct)\right\}, \quad (1.59)$$

B_m の係数：

$$\sin\omega_m t \sin\frac{m\pi}{l}x_1 = \frac{1}{2}\left\{\cos\frac{m\pi}{l}(x_1 - ct) - \cos\frac{m\pi}{l}(x_1 + ct)\right\} \quad (1.60)$$

その上で式 (1.57) において、$t = 0$ で $u_2 = f(x_1)$ より、

$$\sum_{m=1}^{\infty} A_m \sin\frac{m\pi}{l}x_1 = f(x_1) \quad (1.61)$$

これより

$$\sum_{m=1}^{\infty} A_m \sin\frac{m\pi}{l}(x_1 \pm ct) = f(x_1 \pm ct) \quad (1.62)$$

が成り立ち、また式 (1.57) において $t = 0$ で $\partial u_2/\partial t = F(x_1)$ より

$$\sum_{m=1}^{\infty} B_m \omega_m \sin\frac{m\pi}{l}x_1 = F(x_1) \quad (1.63)$$

ここで

$$\frac{1}{c}\int_0^{x_1} F(\xi)d\xi = g(x_1) \quad (1.64)$$

とおき $g(x_1)$ を導入すると、$\int_{x_1-ct}^{x_1+ct} F(\xi)d\xi$ の変形より

$$\sum_{m=1}^{\infty} B_m \left\{\cos\frac{m\pi}{l}(x_1 - ct) - \cos\frac{m\pi}{l}(x_1 + ct)\right\}$$
$$= g(x_1 + ct) - g(x_1 - ct) \quad (1.65)$$

が成り立つ。式 (1.62)、(1.65) を (1.59)、(1.60) を考慮して (1.57) に代入することにより、u_2 の一般解は次のようにも表現できることがわかる。

$$u_2 = \frac{1}{2}\{f(x_1 - ct) + f(x_1 + ct)\} + \frac{1}{2}\{g(x_1 + ct) - g(x_1 - ct)\} \quad (1.66)$$

すなわち絃の振動は、x_1 の正方向に進む二つの波 $f(x_1 - ct)/2$、$-g(x_1 - ct)/2$ と x_1 の負方向に進む二つの波 $f(x_1 + ct)/2$、$g(x_1 + ct)/2$ の合成によって表される。さらに詳しくは、文献 (10b) を参照されたい。

1.4 流体力学の基礎 (水力学)

1.4.1 アルキメデスの原理

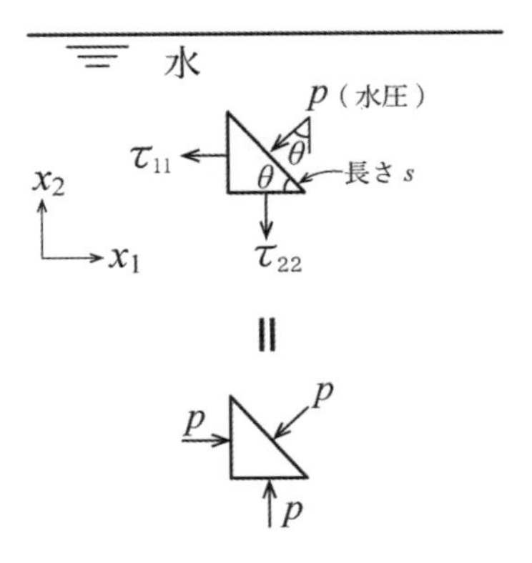

図 1.21　静止している水中の力の釣り合い (その１)

静止流体中の物体に浮力が働くという水力学に関わる基本的な現象について、流体中の圧力を元に考察しておこう。水にせん断応力は作用しないことを考慮した上で、簡単のために二次元問題を対象として図 1.21 に示す斜辺の長さ s なる微小三角形領域の力の釣り合いより圧力

$p(>0)$ の特徴について考える。x_1 方向の力の釣り合いより

$$-\tau_{11}s\sin\theta - ps\sin\theta = 0 \tag{1.67}$$

したがって

$$\tau_{11} = -p \tag{1.68}$$

また x_2 方向の力の釣り合いより、水の単位体積当たりの重量 (比重量) を γ と表して、

$$-\tau_{22}s\cos\theta - ps\cos\theta - \frac{\gamma}{2}s\cos\theta\cdot s\sin\theta = 0 \tag{1.69}$$

ここで極微小領域についても釣り合いが成り立っていることより、$s\to 0$ の状況を考えれば、式 (1.69) の左辺第三項は無視でき、次式が得られる。

$$\tau_{22} = -p \tag{1.70}$$

結局、どの方向からも p なる圧力 (水圧) がかかることがわかる (図 1.21 下)。

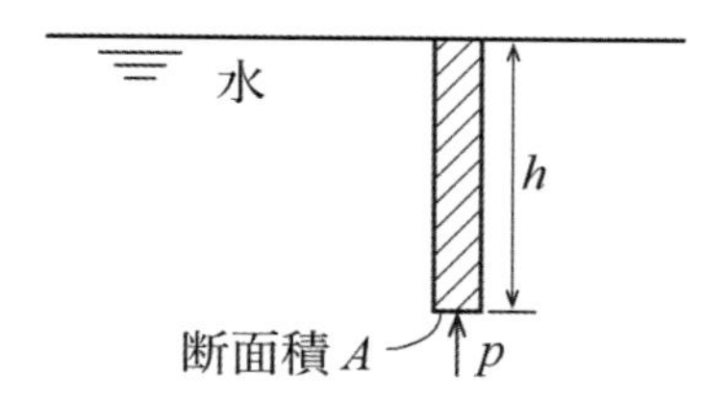

図 1.22　静止している水中の力の釣り合い (その 2)

次に、図 1.22 に示す深さ h、断面積 A の斜線部の力の釣り合いより

$$pA = \gamma hA \tag{1.71}$$

したがって

$$p = \gamma h \tag{1.72}$$

により圧力が与えられる[*8]。水の場合、水深 h=10 m で $p \approx 1$ 気圧 (≈100kPa) である。

なお以上の導出は、平衡方程式 (1.10) を用いて説明することもできる[*9]。

次に浮力について考察する。上記に続き二次元問題を対象として、図 1.23 に示すように物体の水中部分の表面を細かいステップ状の多角形で近似し、同図の斜線部の水について考えてみよう。斜線部が左右方向に止まっていることより、斜線部の左端 (ab 部) の p と、上に物体がない右端（a'b' 部）の p は等しい。次に左端の微小三角形 abc の水の領域が止まっていることより、ac 部の圧力は左端 ab 部の p に等しい。そして作用反作用により上向きの p が水により物体の ac 部に作用する。

上記と同様にして、図 1.23 に示すように斜線部の右端に微小三角形 a'b'c' の水の領域を考えれば、右端 a'b' 部の p は上に物体がない a'c' 部に作用する上下方向の p に等しいことがわかる。以上より、これが物体の ac 部に上向きに作用する圧力に等しい。

[*8] 地表面より下の半無限の地盤を考える。表面上で力が作用していない場合を想定すれば、地盤内において地表面に垂直な任意の面には、それに対する力学的な状況の対称性よりせん断応力は作用していない。これより地盤は固体であるが水を対象とした図 1.22 と同様の考察が成り立ち、地盤内における圧力は、地表からの深さに比重量を掛けたものとなる。

[*9] x_1-x_2 面内の二次元問題において $\tau_{12} = 0$ を考慮すれば、式 (1.10) より x_1 方向に $\partial\tau_{11}/\partial x_1 = 0$ が成り立つ。これより $\tau_{11} = C_1$(x_1 方向に一定値) となる。次に x_2 方向には、$\tau_{21} = 0$ および $F_2 = -\gamma$ を考慮して、式 (1.10) より $\partial\tau_{22}/\partial x_2 - \gamma = 0$ が成り立つ。これより $\tau_{22} = \gamma x_2$ となる。なお図 1.21 に示す座標系において水面を $x_2 = 0$ としている。深さ h の位置では $x_2 = -h$ となるので、$\tau_{22} = -\gamma h$ と求められる。そしてここで上記と図 1.21 の微小三角形の斜面に作用する p を関係づける。C_1 の値は、式 (1.68) と同様にして $C_1 = -p$ と求められる。また式 (1.72) と同様にして、$\gamma h = p$ となる。

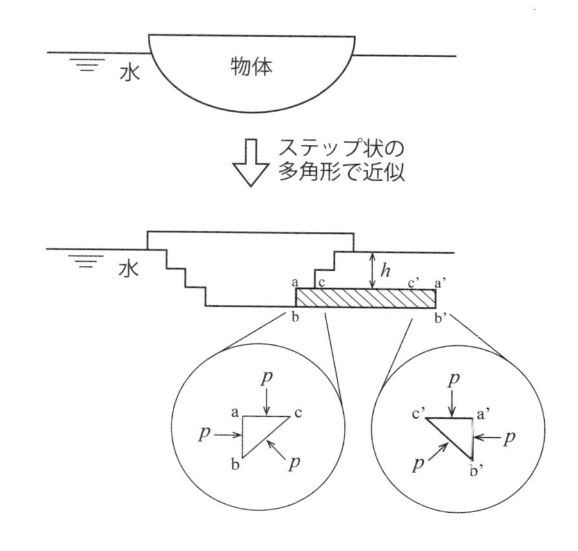

図 1.23　静止している水に浮かぶ物体に作用する浮力を説明する状況

ac 部の面積を A と表せば、そこには pA なる上向きの力が作用することになる。ac 部の水面からの深さを h とすれば、これは γhA に等しい。これは ac 部の上に位置する部分が排除した水の重さに等しい。物体全体で考えると、物体は、物体が排除した水の重さに等しい浮力を受けるということになる [アルキメデスの原理 (Archimedes' principle)]。なお物体の曲面を細かいステップ状の多角形で表現したが、ステップを非常に細かくすれば滑らかな場合に等しくなる。また三次元問題についても以上と同様に考えることができる。

ところで純水に比べ塩水 (海の水) の γ は大きい。故に同一の物体を純水と塩水に浮かべた場合を比較すれば、塩水の場合の方が同一重量に抗する浮力を生じるのに h が小さくてすむ、すなわち浮きやすいということになる。なお津波などの際の泥水を考えると、泥が混じっているために γ がかなり大きくなり、物体はかなり浮きやすくなる。

1.4.2 ベルヌーイの定理

次に流線を対象として成り立つ基本的な式について概観しておこう。ナビエ・ストークスの運動方程式を非粘性流体に適用した式はオイラーの運動方程式 (Euler's equation of motion) と呼ばれる。これを重力場にある定常流に適用し、流線に沿って積分して、質量密度 ρ_m が一定である非圧縮流れを対象とすることによりベルヌーイ (Bernoulli) の式と呼ばれる次式が得られる (11a)。

$$\frac{v^2}{2g} + \frac{p}{\rho_m g} + z = \text{一定} \tag{1.73}$$

ここに v は流速、p は圧力、g は重力加速度、z は基準面からの高さである。式 (1.73) は圧縮流れの場合には左辺第二項の p/ρ_m が $\int(dp/\rho_m)$ になるため少し複雑になるが、基本は変わらない。式 (1.73) に $\rho_m g$ を掛ければ

$$\frac{1}{2}\rho_m v^2 + p + \rho_m g z = \text{一定} \tag{1.74}$$

となる。式 (1.74) の左辺第一項は単位体積の流体の運動エネルギ、第二項は p による単位体積の流体の圧力エネルギ、第三項は単位体積の流体の位置エネルギを表している。このようにベルヌーイの式は流線に沿ったエネルギ保存則 (運動エネルギ ＋ 圧力エネルギ ＋ 位置エネルギ＝一定) を表している [ベルヌーイの定理 (Bernoulli's theorem)] (12) *10。

圧力計測に基づきベルヌーイの式を使って流速を評価する機器にピ

*10 ベルヌーイの定理で扱う水流と拡散現象の一つの相違点について記しておく。微小部分がまとまって動くことを対象とする水力学では、圧力の勾配 (grad) は流速の時間変化 (＝加速度) を引き起こし、流速を引き起こすのではない。これに対し、既に存在している物質の領域に原子、電子等が新たに入り込んでいく拡散現象では、フィック (Fick) の第一法則で濃度勾配が流束を引き起こすように、対応する物理量の勾配が駆動力となって流束が生じる。ストレスマイグレーション (stress migration) では静水圧の勾配が原子流束を引き起こし、オーム (Ohm) の法則では電位の勾配が電流密度 (＝電荷の流束) を、エレクトロマイグレーション (electromigration) では電位の勾配が原子流束を生じる点が水流と異なる。

ト一管 (Pitot tube) がある。また管路の流量計としてベンチュリ管 (Venturi nozzle) がある。

1.5 破壊力学

1.5.1 線形破壊力学

航空機、船舶、鉄道車両等の乗り物、各種機器や構造物等における破壊事故が種々の書籍、文献に紹介されている。事故を防ぎ、これらを安全に運用するには破壊力学 (fracture mechanics) の知識が役に立つ。ここではき裂の連続体力学 (13) について大まかに説明する。基本として二次元き裂を考える。はじめにぜい性材料中のき裂を対象として、線形破壊力学 (linear elastic fracture mechanics) について概説する。1970年代までの文献（13）～（22）を基に説明する。

a. 破壊力学パラメータ

等方弾性体よりなるき裂材にき裂を開口させる負荷が作用するとき、き裂先端前方のき裂線上において、き裂線に垂直方向ならびにき裂線に沿った方向の垂直応力の分布は、き裂先端からの距離を r としていずれも $K_{\mathrm{I}}/\sqrt{2\pi r}$ と表され、$1/\sqrt{r}$ の特異性を示す。ここに K_{I} は開口形の負荷 (モード I と呼ぶ) に対する応力拡大係数 (stress intensity factor) を表す。図 1.24 に示すように長さ a なる縁き裂がある半無限板を遠方で σ_0 なる応力で引っ張ったとき、$K_{\mathrm{I}} = 1.12\sigma_0\sqrt{\pi a}$ であり[*11]、外応力 σ_0 の大きさと、き裂寸法 a をこのような形にまとめると、σ_0 の値、ある

---

*11 無限板中の長さ $2a$ なるき裂の場合には、$K_{\mathrm{I}} = \sigma_0\sqrt{\pi a}$ となる。なお応力 σ_0 が負荷されるき裂の場合には、応力拡大係数の式表示は平面応力状態と平面ひずみ状態 (*12 参照) で同じになる。これに対し応力拡大係数の式表示が平面応力状態と平面ひずみ状態で異なる場合もある。変位拘束型引張り (18a) が負荷されるき裂の場合がその例である。

いは a の値が異なる場合であっても、K_{I} の値が同じであれば、き裂端近傍で同一の応力分布が形成される。K_{I} はそのような特徴を有するパラメータである。

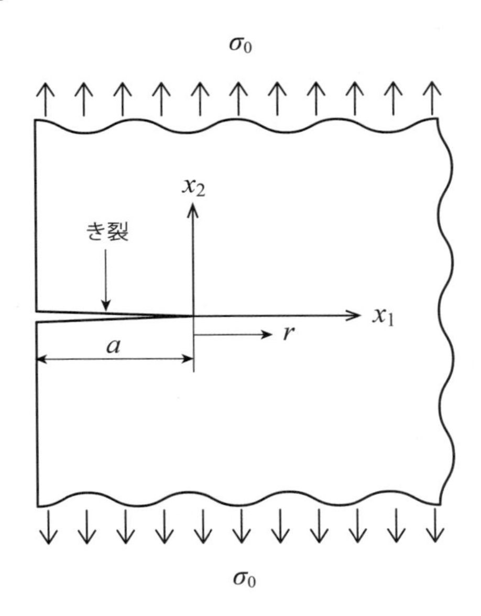

図 1.24　遠方で引張応力 σ_0 の作用を受ける
半無限板中の長さ a の縁き裂

同様にして、面内せん断形負荷（モード II）、面外せん断形［＝縦せん断形］負荷（モード III）に対する応力拡大係数は、それぞれ K_{II}、K_{III} と表される。応力拡大係数は代表的な破壊力学パラメータの一つである。

以降ではモード I 負荷の場合を取り上げ、代表的なき裂挙動について説明していく。代表的な破壊力学パラメータには K_{I} の他にエネルギ解放率 [(16)]（energy release rate、$\mathcal{G}$ と表す）、J 積分 [(17)]（J-integral、J と表す）等もある。平面ひずみ状態[*12]において、K_{I} と $\mathcal{G}$、J の間には

[*12] 板厚方向の変位成分が物体内のいたるところで零であり、残りの変位成分が板厚に
〈次ページの欄外に続く〉

次の関係式が成り立ち、これらは等価である。

$$\mathcal{G} = J = \frac{1-\nu^2}{E} K_{\mathrm{I}}^2 \tag{1.75}$$

b. 応力拡大係数による破壊の条件

破壊の条件は $K_{\mathrm{I}} \geq K_{\mathrm{C}}$ と表される。き裂寸法によらずに K_{I} が K_{C} に達すると不安定破壊が起こる。ここに K_{C} は破壊じん性 (fracture toughness) と呼ばれる。K_{C} は板厚の影響を受ける。特に平面ひずみ状態に対するものを、平面ひずみ破壊じん性 (plane-strain fracture toughness)K_{IC} と呼ぶ。平面ひずみ状態は板厚が薄い場合に比べて板厚方向に変形できず拘束が厳しいため、K_{IC} は K_{C} の下限になる[(18b)]。なおここに記すぜい性材料に対する破壊の条件は、単位時間に一定の大きさの変位増分を部材に与える（変位制御）か、単位時間に一定の荷重増分を部材に与える（荷重制御）か、にはよらない。

c. 疲労き裂進展

き裂に繰り返し荷重が作用する場合を考える。図 1.24 を例に、σ_0 の変動幅を $\Delta\sigma_0$ と表す。K_{I} は σ_0 に比例するために変動する。その変動幅を ΔK と表し、応力拡大係数範囲と呼ぶ。このとき K_{I} が、それぞれ一定の大と小の値の間を変動するのみであればよいが、K_{I} の変動に伴って a が徐々に大きくなる場合がある。そうすると $\Delta\sigma_0 =$ 一定の条件下であっても K_{I} の値は徐々に大きくなり、大の方の値が K_{C} に達すると不安定破壊を起こすことになる。繰り返し荷重の作用によるき裂進展が疲労き裂進展 (fatigue crack growth) と呼ばれるものである。

繰り返しのサイクル数を N と表したとき、単位サイクル当たりのき裂進展量（疲労き裂進展速度と呼ぶ）da/dN を表す式として次のパリス

垂直な面内の座標のみの関数であるとき、物体は板厚に垂直な面内の平面ひずみ (plane strain) の状態にあるという。先に記した脚注*2 はこの状態に対するものである。

則（Paris equation）(20) が知られる。

$$\frac{da}{dN} = C(\Delta K)^n \tag{1.76}$$

ここに n は材料に依存する定数であり、C は係数である。なお ΔK が小さくなり、下限界応力拡大係数範囲 $\Delta K_{\mathbf{th}}$ より小さくなると、き裂進展は非常に遅くなり、実質的に無視できるようになる。これより機械・構造物の維持・管理にあたっては ΔK が $\Delta K_{\mathbf{th}}$ を超えないようにすることが肝要である。

疲労き裂進展の原因について考えてみよう。金属疲労に代表される疲労き裂進展現象の原因は、き裂先端近傍の塑性変形[*13](不可逆的な変形)にある。繰り返し荷重がき裂先端近傍で弾性変形 (可逆的な変形) のみする範囲であれば、荷重の絶対値が繰り返しの際の小さい方の値になったときに、き裂先端近傍が繰り返し荷重サイクルの一回前の状態に戻りダメージは蓄積しない。ところが繰り返し荷重が、き裂先端近傍で塑性変形が生じる範囲であれば、繰り返し一回ごとに荷重サイクルの一回前の状態に戻らず (18c)、サイクル数の増加に伴いダメージが蓄積していく。そしてダメージが大きくなり材料の特定の値に達したときにき裂が大きくなる (進展する)。

それでは塑性変形を原因とする疲労き裂進展が、弾性き裂に対する破壊力学パラメータ ΔK により記述されるのは、どのように解釈できるであろうか。これについてき裂先端近傍の塑性域が弾性域に囲まれた小規模降伏状態を考えて考察してみよう。き裂進展過程はき裂先端近傍の塑性域内で起こっており、その詳細は複雑である。一方、同塑性域は弾性域で囲まれていることより、弾性域の変形を支配するパラメータ ΔK によって塑性域内の現象もコントロールされて、き裂進展が表現されるとみることは妥当と思われる。パリス則はこのように把握することもできる。

---

*13 塑性変形の解析については、例えば文献（23)、(24）を参照されたい。

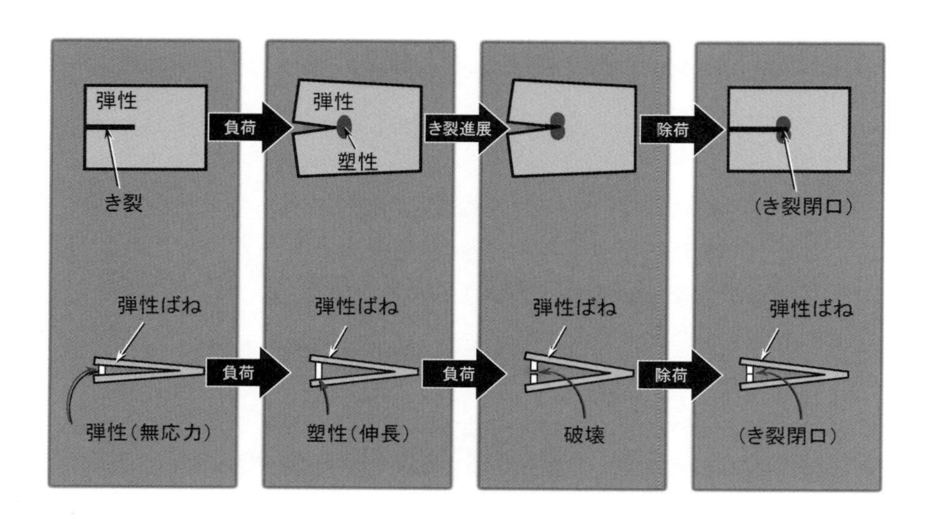

図 1.25　塑性変形を伴って進展したき裂が、
除荷により生じるき裂閉口と、材料が伸長させられて破断した後に、
弾性ばね（ピンセットのようなもの）により圧縮されるそのモデル

疲労き裂は、引張りの繰り返し荷重の小さい方の荷重に近づいたときに閉じる挙動を示すことがある。この現象はき裂閉口 (21),(22) (crack closure) と呼ばれる。これは図 1.25 に模式的に示すように、塑性変形によって伸長したき裂先端近傍の材料が、除荷したときに部材のき裂周りの弾性により圧縮されることによる。なお引張 – 引張の繰り返し荷重の負荷により進展した疲労き裂は、無負荷状態下で強く閉じているが、引張 – 圧縮による疲労き裂は無負荷状態下でほとんど閉じていないという報告 (25) がある。後者の現象はき裂進展時に圧縮を経験したき裂は、塑性変形によって伸長した箇所が圧縮のときに押し縮められるために、無負荷状態にしたときに周りの弾性により強く圧縮されることがないことによるものと思われる。き裂閉口の現象は例えば超音波探傷によりき裂を評価する際には、難しい問題を引き起こす。開いたき裂面で超音波は反射し、探傷に寄与することになるが、き裂が閉じると接触

しているき裂面を介して超音波が透過することにより、反射波の強度が低下して困難の原因となる。非破壊検査の観点では、熱応力を簡便に利用して閉じたき裂を開口させて検査に供する手法が提案されている[26]こと、また直流電位差法はき裂閉口の影響を受けにくい[27]ことを付記しておく。また被検査物の運転を停止せずに、稼働中に非破壊検査をすれば、すなわちモニタリングによれば、き裂閉口に災いされることはほぼないと思われる。

1.5.2 弾塑性破壊力学

前項に続いて延性材料中のき裂を対象とした連続体力学である、弾塑性破壊力学 (elastic plastic fracture mechanics) について概説する。ここでは不安定破壊現象を把握するため延性き裂進展の安定 – 不安定遷移に焦点を絞り、1980年代までの文献（28）～（32）を基に説明する。

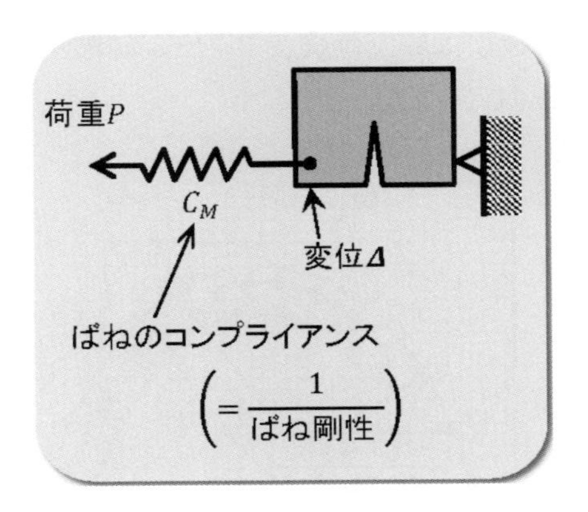

図 1.26　延性材料よりなる構造物中のき裂部への負荷のモデル

延性材料よりなる構造物にき裂が存在するとき、これをき裂部分が線形弾性ばねに連結された図 1.26 に示すモデルで表現する。弾性ばねのコンプライアンスを C_M、荷重を P、き裂材の荷重線変位を Δ と表し、ばねの端を変位制御で負荷する状況を考えると、不安定破壊の条件は次式で記される［演習問題 1（1.10）参照］。

$$-\frac{dP}{d\Delta} \geqq \frac{1}{C_M} \tag{1.77}$$

P–Δ 関係は、ぜい性材料の場合には直線となるが、延性材料の場合には図 1.27 に示すような上に凸の曲線となる。式 (1.77) において右辺 $\geqq 0$ であるから、$dP/d\Delta > 0$ なる最大荷重以前では不安定破壊は起きないことがわかる。延性き裂はき裂成長を開始した後に、安定に成長し、最大荷重点を過ぎて荷重降下を示す P–Δ 曲線と傾き $-1/C_M$ なる直線が接する段階で不安定破壊を起こす。ここに P–Δ 曲線については、不安定遷移が起きない条件下において、安定き裂成長に対する材料のき裂進展抵抗を反映してその形が定まる。その P–Δ 曲線と強度に関係のない弾性ばねのコンプライスとの兼ね合いによって不安定遷移点が決まるということになる。C_M の値が小さい方が不安定破壊は起きにくくなる。なお $C_M = \infty$ のときには最大荷重点で不安定破壊が生じることになり、荷重制御の場合と同じになる。

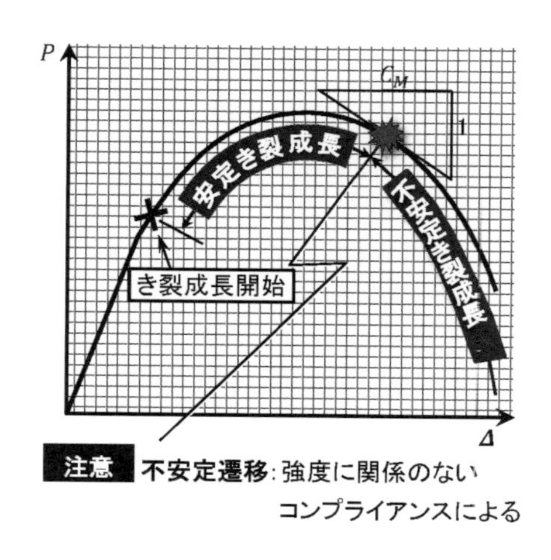

図 1.27　延性き裂進展の P–Δ 曲線上の安定 – 不安定遷移点

上記の延性破壊挙動は、無次元の弾塑性破壊力学パラメータであるテアリングモジュラスを用いて表すこともできる。これについては例えば文献（31）を参照されたい。

延性材料からなる機械等で、大きいき裂が見つかっているにもかかわらず不安定破壊していないという場合もある。それは構造が剛であったことが主因となって現れた事象とみることができよう。また構造減衰を用いた不安定破壊の遅延策も報告されている[32] ことを記しておく。

1.5.3 補遺

以上の他に実用上注意すべき破壊現象として、応力腐食割れ、クリープき裂進展等がある。これらについては他書を参考にされたい。また構造体等において危険な不安定（飛び移り）現象として座屈[6b] がある。ただし座屈は剛性、形状（寸法）に依存する現象であり、材料の強度に関係しないことを付記しておく。材料の強度に関係しないが、機械・構造体における危険性に繋がる現象として、振動に関するものもある[33]。固有振動数と共振について端的に触れておく。ばね定数 k のばねの上端を固定し、下端につり下げた質量 m の物体が動的外力の作用なしに、ばね力のみにより振動（自由振動）するとき、振動数（周波数）f は $\sqrt{k/m}/(2\pi)$ で与えられ、固有振動数あるいは自然振動数と呼ばれる。ばねが弱く、質量が大きいほどゆっくり振動する。一方、振動系にその運動とは無関係に、周期的に変化する強制力が外力として作用するとき（強制振動）、物体の振動の振幅は強制力の振動数が系の固有振動数に等しいときに非常に大きくなる。この現象を共振という。減衰がない場合には、振幅が ∞ になる。これより固有振動数のことを共振振動数ともいう。この現象にも十分に注意する必要がある。

付録 1

付録 1.1　き裂問題における重ね合わせ

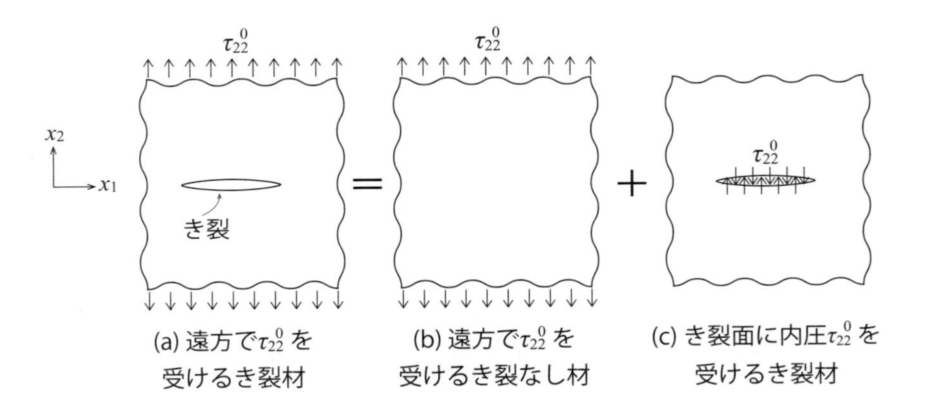

図 S1.1　き裂問題における重ね合わせの一例

き裂問題における重ね合わせの一例を図 S1.1 に示す。同図 (a) は、無限板中にき裂が存在し、それに対し垂直方向に遠方で垂直応力 $\tau_{22} = \tau_{22}^0$ が作用する問題を表す。(b) は遠方で $\tau_{22} = \tau_{22}^0$ が作用するき裂なし材の問題を表し、(c) はき裂面に τ_{22}^0 (> 0) が内圧 $(\tau_{22} = -\tau_{22}^0)$ として作用する問題を表す。(a) のき裂位置に、(b) の問題において仮想き裂を考えれば、仮想き裂の例えば下の材料に対し τ_{22}^0 が引張として作用する。これに対し、(c) の問題ではき裂の下の材料に対し τ_{22}^0 を圧縮として作用させている。したがって (b) と (c) を重ね合わせるとき裂面に応力が作用していない状況 (a) を表現できる。

(b) の問題では応力が特異性を示すことはない。よって (a) の問題におけるき裂先端近傍における特異応力場と、(c) の問題におけるものは同一であることがわかる。

付録 1.2 線形弾性体の動的ならびに静的問題有限要素法の基礎とその関連の付記

線形弾性体の動的問題においては、本文中の式 (1.34) に代わり次式が成り立つ。

$$\int_V \tau_{ij}\dot{e}_{ij}dV + \int_V \rho_m \ddot{u}_i \dot{u}_i dV - \int_V F_i \dot{u}_i dV - \int_{S_F} \bar{T}_i \dot{u}_i dS = 0 \qquad \text{(S1.1)}$$

体積力がない場合には $F_i = 0$ として、式 (S1.1) を変形することにより要素の運動方程式のマトリクス表示が得られ、それを踏まえて構造全体の運動方程式が次のように表される。

$$[M]\{\ddot{u}\} + [K]\{u\} = \{f\} \qquad \text{(S1.2)}$$

ここに $[M]$、$[K]$ は構造全体の質量マトリクスおよび剛性マトリクスであり、$\{u\}$、$\{\ddot{u}\}$、$\{f\}$ は節点変位ベクトル、節点加速度ベクトル、節点力 (=節点に作用する外力) ベクトルである。なお { } で表される各物理量のベクトルは、一行目から順に節点番号 1 の座標 x_1 方向成分、次に x_2 方向成分、x_3 方向成分、そして続いて節点番号 2 の x_1 方向、x_2 方向、x_3 方向成分というように全節点の成分を並べたものである。式 (S1.2) の解き方については、例えば文献（S1)、(S2) を参照されたい。

節点加速度が小さく $\{\ddot{u}\}$ が無視できる場合には、式 (S1.2) は静的問題に対する式となる。そのとき式 (S1.2) は連立一次方程式であり、以下に記す理由により未知量の数と式の数 (連立方程式における式の数) が等しくなる。したがって連立方程式を解くことができるようになり、未知量の数値が求まることになる。

上に触れた理由とは次のごとくである。一点で考えられる物理量は二つあり、一方の数値は境界条件より既知であり、他方の数値は未知である。弾性力学を対象にしたときには、二つの物理量とは例えば座標軸 x_1 の方向を考えれば、その方向の力と変位である。物体の一点で x_1 方向に外力が与えられるとき (力 = 既知)、その方向の変位は問題を解かな

いとわからない (変位 = 未知)。外力の作用がないときには、0 なる値の力が作用するということであり (力 = 既知)、変位 = 未知である。一方、一点で x_1 方向の変位が与えられるとき (変位 = 既知)、その方向の外力の値は問題を解かないとわからない (力 = 未知)。弾性力学以外を考えると、後に扱う直流電流問題の場合も静的弾性問題の場合に類似した連立一次方程式が得られ、その場合の一点での二つの物理量とは、外部からその点に与えられる電流と電位である。同様にして伝熱問題を考えたときには、一点での二つの物理量とは、外部からその点に与えられる単位時間当たりの熱量と温度である。以上により、連立一次方程式において未知量の数と式の数が等しくなり、問題が解けることになる。

付録 1.3 津波

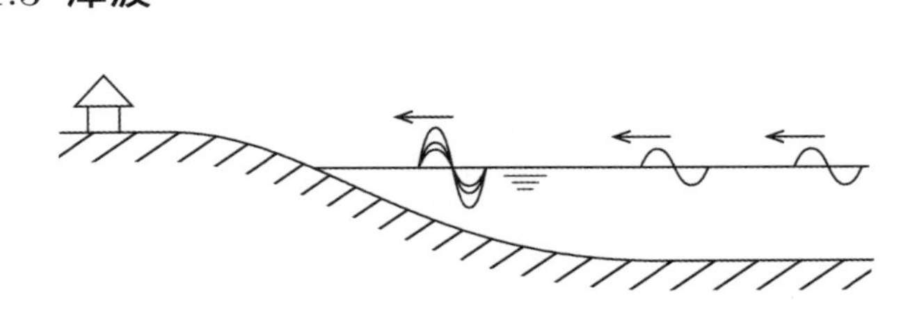

図 S1.2　波が重畳して大きくなる津波
(水深 ≪ 波長なる状況を対象とした模式図であるが、
紙面の都合上、波長を短く描いている。)

波動に伴う水の特異な挙動である津波について触れておく。波の伝播速度が水深 (<< 波長) の関数であり、浅いほど遅くなる状況を考える[(11b)]。第一波、第二波と図 S1.2 に示すように次々と波が陸に向かってくるとき、水深の関係より、後から来る波が先の波に追いつく、そして追いついた後は、追い越さずに、一緒の速度で陸に向かう。これは追いついた後は両波が同じ水深に対する速度で動くからである。そしてどんどん、どんどんと後ろからの波が追いつくと、非常に大きな波になる。

これが津波の一つの特徴の大まかな考察である。

なお上記の津波形成と類似したメカニズムによる固体内の衝撃波形成が報告されている[S3]ことを付記しておく。

演習問題 1

（1.1）二次元問題を対象として、変形前における $x_1 - x_2$ 面内の線形弾性体内に直線

$$\alpha_0 + \alpha_1 x_1 + \alpha_2 x_2 = 0 \tag{Q1.1}$$

を考える。ここに α_0、α_1、α_2 は定数（$\neq 0$）とする。さらに β_{10}、β_{11}、β_{12}、β_{20}、β_{21}、β_{22} を定数（$\neq 0$）として、変位成分 u_i が

$$\left.\begin{aligned} u_1 &= \beta_{10} + \beta_{11}x_1 + \beta_{12}x_2\,, \\ u_2 &= \beta_{20} + \beta_{21}x_1 + \beta_{22}x_2 \end{aligned}\right\} \tag{Q1.2}$$

なる変形を考える。変形前に座標 x_i に存在する点の変形後の座標 $x_i + u_i$ を y_i と表し、変形前の直線が変形後も直線となることを示せ。なお式（Q1.2）は有限要素法の定ひずみ平面三角形要素で使われる。

（1.2）図 Q1.1（a）と (b) の応力について、τ の右下に指標の数字を記した上で、τ の値を示せ。

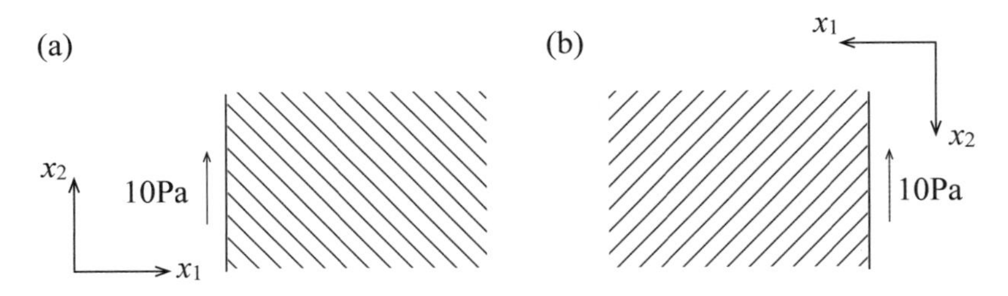

図 Q1.1　物体の（a）左端面、（b）右端面に作用するせん断応力

(1.3)

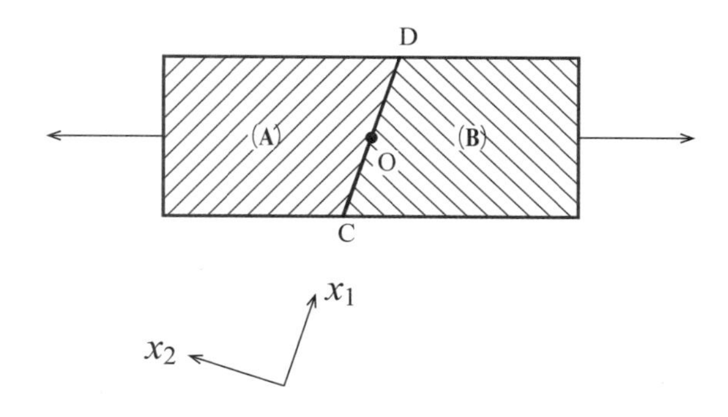

図 Q1.2　傾いた異材界面を有する部材の引張

図 Q1.2 のように（A）部と（B）部が界面 CD で接合された材料に力が作用している二次元問題を考える。界面に沿って x_1 軸を有する座標系 (x_1, x_2) を導入するとき、τ_{11}、τ_{12}、τ_{22} のうち界面上の点 O で x_2 方向に連続な（(A）側の値と（B）側の値が等しい）応力成分を全て記せ。

（1.4）弾性力学におけるナビエの方程式と流体力学におけるナビエ・ストークスの運動方程式の違いについて論ぜよ。

（1.5）ストーニーの式 (1.27) を導け。

（1.6）釣り合っている力が仮想変位に対してなす仕事は 0 である。これを仮想仕事の原理という。1.2.12 項と同様に、体積 V なる線形弾性体の表面 S のうち境界 S_F 上で応力ベクトルの成分 T_i が $\overline{T}_i$ と与えられ、さらに成分 F_i の体積力が作用している状況を考える。仮想変位増分の成分を δu_i と表すと、平衡方程式 (1.10) および S_F 上で $T_i = \overline{T}_i$ より次式が成り立つ。

$$-\int_V (\tau_{ij,j} + F_i)\delta u_i dV + \int_{S_F} (T_i - \overline{T}_i)\delta u_i dS = 0 \qquad \text{(Q1.3)}$$

式 (Q1.3) の左辺にある二つの力 $(\tau_{ij,j} + F_i)dV$ と $(T_i - \overline{T}_i)dS$ はいずれも 0 である。これらに δu_i を掛けたものは仕事であり、式 (Q1.3) は仮想仕事の原理を表している。

変位成分の値が与えられる境界 $(S-S_F)$ 上では $\delta u_i=0$ として、式(Q1.3) より式 (1.34) を導け。

(1.7) 関数 w が時間 t と原点からの距離 r のみの関数であり、

$$w=\frac{\phi(r\pm ct)}{r} \tag{Q1.4}$$

と表されるとき、w が波動方程式

$$\frac{\partial^2 w}{\partial t^2}=c^2\left(\frac{\partial^2 w}{\partial x_1^2}+\frac{\partial^2 w}{\partial x_2^2}+\frac{\partial^2 w}{\partial x_3^2}\right) \tag{Q1.5}$$

を満足する（球面波を表す）ことを示せ。

(1.8) 図 1.24 のき裂先端に原点を有し、x_1 軸を $\theta=0$ として反時計回りを θ の正方向とする極座標系 (r,θ) を導入する。モードⅠ負荷に対するき裂先端近傍の応力分布が次のように表されることはよく知られている。

$$\begin{Bmatrix}\tau_{11}\\ \tau_{22}\\ \tau_{12}\end{Bmatrix}=\frac{K_{\mathrm{I}}}{\sqrt{2\pi r}}\cos\frac{\theta}{2}\begin{Bmatrix}1-\sin(\theta/2)\sin(3\theta/2)\\ 1+\sin(\theta/2)\sin(3\theta/2)\\ \sin(\theta/2)\cos(3\theta/2)\end{Bmatrix} \tag{Q1.6}$$

$\theta=0$ でき裂先端から r の位置にある微小直方体を考えたとき、式(Q1.6) が体積力がない場合の x_1 軸方向の平衡方程式 (1.10) を満足していることを確認せよ。

(1.9) 外応力 σ_0、き裂長さ a で応力拡大係数が $K_{\mathrm{I}}=1.12\sigma_0\sqrt{\pi a}$ と表される状況において、現在 $a=a_1$ であり、σ_0 の変動幅 $\Delta\sigma_0$ が一定のとき、$a=a_2(>a_1)$ になるまでのサイクル数 N をパリス則に従い求めよ。

(1.10) 延性き裂の不安定進展の条件式 (1.77) を導け。

(1.11) 一つの外力系として表面力 $T_i^{①}$ が与えられたときの平衡状態にある線形弾性体の変位成分を $u_i^{①}$ とし、同じ弾性体が別の表面力 $T_i^{②}$ を受けたときの変位成分を $u_i^{②}$ と表すとき、弾性体の表面を S として次式が成り立つ。

$$\int_S T_i^{①} u_i^{②} dS = \int_S T_i^{②} u_i^{①} dS \tag{Q1.7}$$

式（Q1.7）は線形弾性体に体積力が働かない場合のベッティ・レイリー（Betti-Rayleigh）の相反定理（reciprocal theorem）を表す。

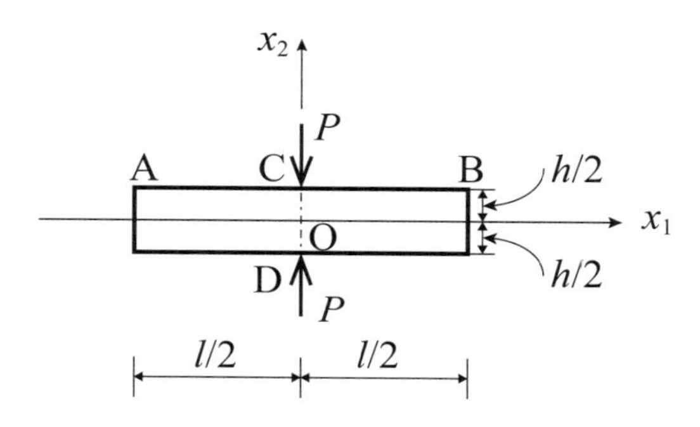

図 Q1.3　圧縮荷重 P を受ける棒（系 ①）

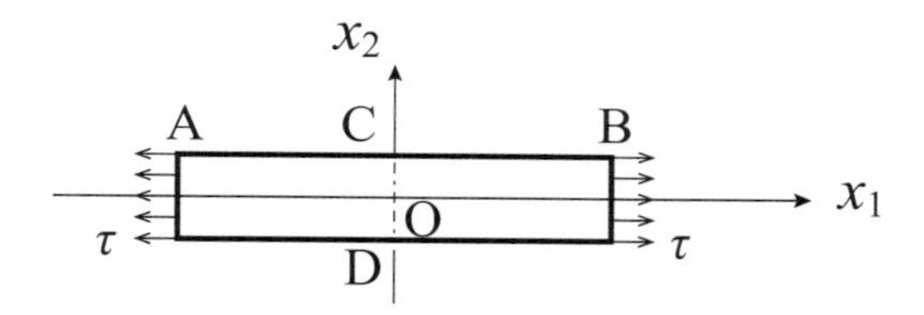

図 Q1.4　長手方向に一様引張応力 τ を受ける棒（系 ②）

これを踏まえて以下の問題を解け。断面の直径 h、ヤング率 E、ポアソン比 ν の線形弾性体からなる円形断面棒が、図 Q1.3 に示すように長さ l の中点で圧縮荷重 P を受けている。この場合の棒の長手方向の平均伸びひずみ e を、図 Q1.4 に示す棒の長手方向の一軸引張りの解と相反定理を利用して求めよ。なお両図に示すように棒の重心に原点を有す

る直角座標系 (x_1, x_2) を導入し、原点 O で x_1、x_2 両方向の棒の変位 $= 0$ とする。

(1.12) 非粘性の状態にある水中の音速 C_L が、質量密度を ρ_m、体積弾性係数を K と表すとき、次式で与えられることを示せ。

$$C_L = \sqrt{\frac{K}{\rho_m}} \tag{Q1.8}$$

なお水は静止しており、その微小部分は圧力の影響により変位を生じるものとする。

参考文献

(1) 阿部　博之、関根　英樹、弾性学、コロナ社、(1983).

(2) 玉手　統、弾性体の変形、コロナ社、(1971)、pp. 26–29.

(3) 荻　博次、弾性力学、共立出版、(2011)、pp. 33–62.

(4) 中曽根　祐司　編著、異方性材料の弾性論、コロナ社、(2014)、pp.75–110.

(5) 大橋　義夫、村上　澄男、神谷　紀生　共訳、Y. C. ファン　著、連続体の力学入門、培風館、(1974)、a. pp. 194–196; b. pp. 237–239.

(6) 加藤　正名、阿部　博之、坂　真澄、倉茂　道夫、伊藤　耿一、進藤　裕英、材料力学、朝倉書店、(1988)、a. pp. 14–34; b. pp.165–171.

(7) G. G. Stoney, The tension of metallic films deposited by electrolysis, Proc. Roy. Soc. Lond., 82 (553), (1909), pp. 172–175.

(8) 高橋　則雄、三次元有限要素法 — 磁界解析技術の基礎 — 、電気学会、(2006)、p. 30.

(9) 中田　高義、高橋　則雄、電気工学の有限要素法　第 2 版、森北出版、(1982)、p. 46.

(10) 野邑　雄吉、応用数学 — 工学専攻者のための — 、内田老鶴圃新社、(1957)、a. p. 161; b. pp. 155–160.

(11) 西山　哲男、流体力学 (I)、日刊工業新聞社、(1971)、 a. pp. 33–44; b. pp. 143–151.

(12) 島　章、小林　陵二、大学講義　水力学、丸善、(1980)、pp. 39–42.

(13) 横堀　武夫、材料強度学　第 2 版、岩波書店、(1974)、pp. 92–140.

(14) A. A. Griffith, The phenomena of rupture and flow in solids, Phil. Trans. Roy. Soc., 221, (1920), pp. 163–198.

(15) G. R. Irwin and J.A. Kies, Fracturing and fracture dynamics, Weld. J., Res. Sup., 31, (1952), pp. 95s–100s.

(16) G. R. Irwin, Analysis of stresses and strains near the end of a crack traversing a plate, Trans. ASME, J. Appl. Mech., 24 (3), (1957), pp. 361–364.

(17) J. R. Rice, A path independent integral and the approximate analysis of strain concentration by notches and cracks, Trans. ASME, J. Appl. Mech., 35 (2), (1968), pp. 379–386.

(18) 岡村　弘之、線形破壊力学入門、培風館、(1976)、 a. p. 219; b. pp. 141–145; c. pp.160–161; 英字を付してないときは本著書全体を指す.
(19) 宮本　博　訳、J. F. ノット　著、破壊力学の基礎、培風館、(1977).
(20) P. C. Paris and F. Erdogan, A critical analysis of crack propagation laws, Trans. ASME, J. Basic Eng., 85 (4), (1963), pp. 528–533.
(21) W. Elber, Fatigue crack closure under cyclic tension, Eng. Fract. Mech., 2 (1), (1970), pp. 37–45.
(22) W. Elber, The significance of fatigue crack closure, ASTM STP, 486, (1971), pp. 230–242.
(23) 北川　浩、塑性力学の基礎、日刊工業新聞社、(1979).
(24) 岡部　朋永、テンソル解析からはじめる応用固体力学、コロナ社、(2015)、pp. 157–165.
(25) M. Saka and M. A. S. Akanda, Ultrasonic measurement of the crack depth and the crack opening stress intensity factor under a no load condition, J. Nondestructive Evaluation, 23 (2), (2004), pp. 49–63.
(26) H. Tohmyoh, M. Saka and Y. Kondo, Thermal opening technique for nondestructive evaluation of closed cracks, Trans. ASME, J. Press. Vess. Technol., 129 (1), (2007), pp. 103–108.
(27) 坂　真澄、岩田　成弘、児島　隆治、広範囲の寸法の表面き裂の直流電位差法評価 (1)、機械の研究、74 (4)、(2022)、pp.252–255.
(28) P. C. Paris, H. Tada, A. Zahoor and H. Ernst, The theory of instability of the tearing mode of elastic-plastic crack growth, ASTM STP, 668, (1979), pp. 5–36.
(29) J. W. Hutchinson and P. C. Paris, Stability analysis of J–controlled crack crowth, ASTM STP, 668, (1979), pp. 37–64.
(30) 町田　進　編著、延性破壊力学、日刊工業新聞社、(1984).
(31) 坂　真澄、延性き裂の安定成長と安定 – 不安定遷移、材料強度問題の最近の話題、日本機械学会、(1987)、pp. 19–23.
(32) 坂　真澄、井戸　真嗣、村岡　幹夫、阿部　博之、構造減衰による延性不安定破壊の遅延に関する一提案、日本機械学会論文集 (A 編)、 55 (516)、(1989)、pp. 1841–1847.
(33) 斎藤　秀雄、機械力学、朝倉書店、(1967)、pp.16–30.
(S1) 坂　真澄、第 5 章 衝撃問題の数値破壊力学、衝撃破壊工学、日本機械学会 編、技報堂出版、(1990)、 pp. 115–118、pp. 128–129.
(S2) 林　高弘、超音波による非破壊材料評価の基礎、大阪大学出版会、(2021)、

pp. 91–132.
(S3) M. Saka, S. Ohba, N. Aizawa and H. Abé, Analysis of nonlinear wave propagation and shock wave formation in quasi-brittle material, JSME Int. J. Ser. A, 37 (4), (1994), pp. 421–427.

第 2 章　電流と磁場に関連した導体解析の基礎

2.1 はじめに

機械とか構造物に関わる業務において、電流ならびに磁場に関連する課題に遭遇することは多い。ここでは、いくつかの当該問題の解析について、とりわけ基礎的事項に焦点を当てて、最新のマイクロ/ナノ工学、エレクトロニクスに関連した話題も織り交ぜて、直流、交流、電磁力に分けて説明する。

2.2 直流

2.2.1 直流電流問題における相反定理

直流電流（direct current）問題を扱うに際し、有限要素解析を行うことを考えてみよう。同解析は次の連立一次方程式を解くことに帰着する。総和規約を用いて

$$I_i = C_{ij}\phi_j \tag{2.1}$$

ここに I_i は節点 i において外部から与える電流、ϕ_j は節点 j における電位である。C_{ij} はこれらをつなぐ係数である。C_{ij} は対称性を有して

おり、$C_{ij} = C_{ji}$ である（付録 2.1 参照)。任意の節点 i について考えたとき、I_i、ϕ_i は一方が境界条件より数値を与えられて既知量となり、他の一方は未知量である。したがって式 (2.1）において、未知量の数は総節点数に等しく、それは連立方程式における式の数に等しい。これより連立方程式は解けることになり、未知量の値が求められることになる。

式 (2.1）より I_i が I_i' のときの ϕ_j を ϕ_j' と書き、(I_i,ϕ_j）の状況の他に、(I_i',ϕ_j'）なる別の状況を同一導体について考えれば、次式が成り立つことがわかる。

$$\phi_i' I_i = \phi_i' C_{ij} \phi_j = \phi_j C_{ji} \phi_i' = \phi_j I_j' = \phi_i I_i' \tag{2.2}$$

具体的に書き表すと、

$$\begin{aligned} &\phi_1' I_1 + \phi_2' I_2 + \phi_3' I_3 + \phi_4' I_4 + \phi_5' I_5 + \phi_6' I_6 + \cdots \\ =&\phi_1 I_1' + \phi_2 I_2' + \phi_3 I_3' + \phi_4 I_4' + \phi_5 I_5' + \phi_6 I_6' + \cdots \end{aligned} \tag{2.3}$$

式 (2.2)、(2.3）は相反定理（reciprocal theorem）を表している [1] 。

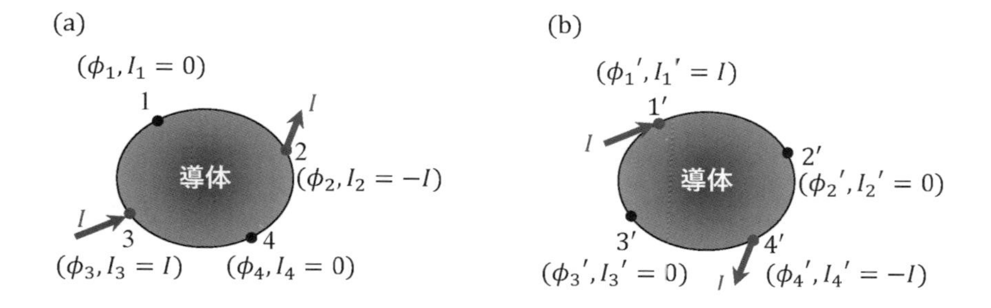

図 2.1　任意導体における直流電流点入出力
(a) 節点 3 – 2 間で電流入出力、節点 1 – 4 間で電位差計測、
(b) 節点 3′ – 2′ 間で電位差計測、節点 1′ – 4′ 間で電流入出力

ここで図 2.1 に示す直流電流点入出力の二つの状況 (a)、(b) を考えてみる。なお (a)、(b) に示す導体は同一のものであり、また節点 1 と 1′、

2 と 2′、3 と 3′、4 と 4′ もそれぞれ同一のものである。点 3、2 および 1′、4′ 以外の節点では電流入出力はないものとする。

図 2.1 の状況に関し、$I_5 = I_6 = \cdots = I'_5 = I'_6 = \cdots = 0$ となることより、式 (2.3) の両辺の第五項以降は 0 となる。以上より、$I_3 = I'_1 = I$、$I_2 = I'_4 = -I$、$I_1 = I'_3 = I_4 = I'_2 = 0$ を式 (2.3) に代入すると、

$$\phi_3{}' - \phi_2{}' = \phi_1 - \phi_4 \tag{2.4}$$

が得られ、電流入出力の二点と電位差計測の二点を入れ換えても計測電位差/入出力電流は同じになることがわかる。次項等の参考にされたい。

2.2.2 薄板を対象とした直流電流点入出力問題（二次元問題）

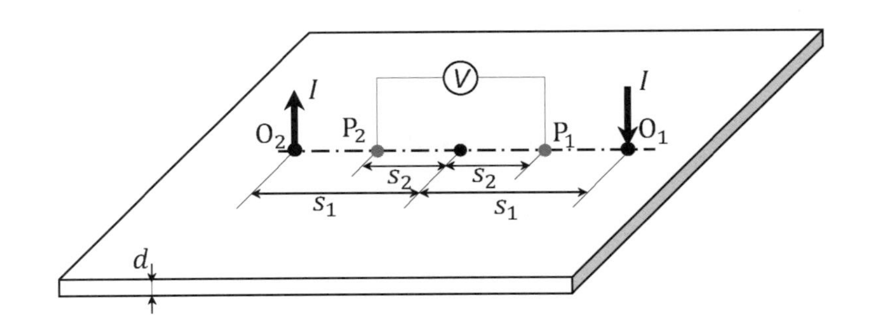

図 2.2　直流電流点入出力がある薄板導体

厚さ d の薄板導体に図 2.2 に示すように $2s_1$ なる距離を隔てた二点 O_1 、O_2 間で電流 I が点入出力される場合に、距離 $2s_2$ を隔てた二点 P_1、P_2 間の電位差 V について考える。なお薄板は十分に広く、V に端面の影響はないものとする。電流の点入力点 O_1 から距離 r の位置における半径方向の電流密度 i_r は、点 O_1 の下の薄板内で半径 r なる底面を

有する高さ d の円柱の側面積が $2\pi rd$ であることより

$$i_r = \frac{I}{2\pi rd} \tag{2.5}$$

よってオーム（Ohm）の法則より、電位を ϕ、抵抗率を ρ と表して、

$$-\frac{1}{\rho}\frac{d\phi}{dr} = \frac{I}{2\pi rd} \tag{2.6}$$

これより

$$\phi = \int d\phi = -\int \frac{\rho I}{2\pi rd}dr = -\frac{\rho I}{2\pi d}\ln r + C \tag{2.7}$$

ここに C は積分定数である。$r = r^*$ で $\phi = 0$ とすれば

$$C = \frac{\rho I}{2\pi d}\ln r^* \tag{2.8}$$

式 (2.8) を (2.7) に代入すれば、

$$\phi = \frac{\rho I}{2\pi d}\ln\left(\frac{r^*}{r}\right) \tag{2.9}$$

出力点に関し、式 (2.9) の I を $-I$ に置き換えれば、図 2.2 の点 P_1 の電位 ϕ_1 は

$$\phi_1 = \frac{\rho I}{2\pi d}\left\{\ln\left(\frac{r^*}{\overline{\mathrm{O}_1\mathrm{P}_1}}\right) - \ln\left(\frac{r^*}{\overline{\mathrm{O}_2\mathrm{P}_1}}\right)\right\} = \frac{\rho I}{2\pi d}\ln\left(\frac{s_1 + s_2}{s_1 - s_2}\right) \tag{2.10}$$

同様にして点 P_2 の電位 ϕ_2 は

$$\phi_2 = \frac{\rho I}{2\pi d}\left\{\ln\left(\frac{r^*}{\overline{\mathrm{O}_1\mathrm{P}_2}}\right) - \ln\left(\frac{r^*}{\overline{\mathrm{O}_2\mathrm{P}_2}}\right)\right\} = \frac{\rho I}{2\pi d}\ln\left(\frac{s_1 - s_2}{s_1 + s_2}\right) \tag{2.11}$$

故に

$$V = \phi_1 - \phi_2 = \frac{\rho I}{\pi d}\ln\left(\frac{s_1 + s_2}{s_1 - s_2}\right) \tag{2.12}$$

式 (2.10) ~(2.12) は r^* に無関係である。r^* を ∞ としても s_1 としても、r^* の値はこれらの式に関与しない。このように $\phi = 0$ の位置については、点入力と点出力が同時に存在する状況を対象としたとき、電位に関与せず、したがって電位差にも影響しない。

2.2.3 水平二層構造に対する直流電流の点入出力問題（三次元問題）

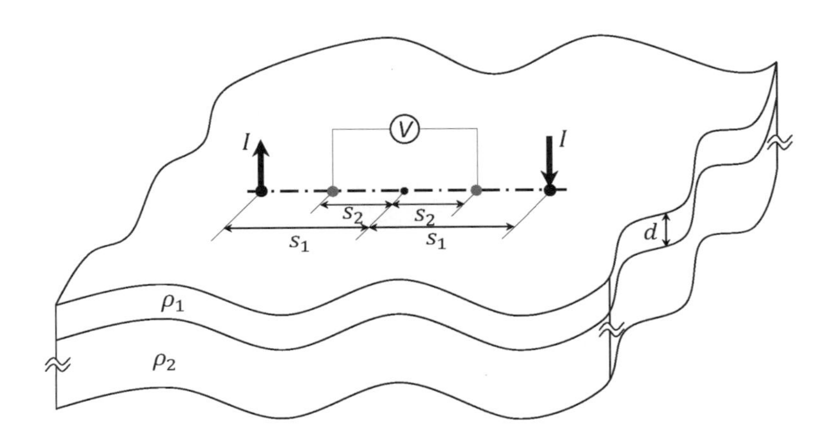

図 2.3　水平二層構造（上層の板厚$=d$、下層の板厚$=\infty$）に対する直流電流の点入出力と電位差計測

図 2.3 に示す広い表面を有し、異なる電気抵抗率 ρ_1（上層)、ρ_2（下層）をもつ水平二層構造の問題に対する電位差 V は、電気映像法（electrical image method）を用いて次のように求められる[(2),(3)]。付録 2.2 には電気映像法の概略を示す。

$$V = \frac{2\rho_1 I}{\pi}\left\{\frac{s_2}{s_1^2 - s_2^2} + \frac{1}{s_1 - s_2}\sum_{n=1}^{\infty} k^n\left[1 + 4n^2\left(\frac{d}{s_1 - s_2}\right)^2\right]^{-1/2} - \frac{1}{s_1 + s_2}\sum_{n=1}^{\infty} k^n\left[1 + 4n^2\left(\frac{d}{s_1 + s_2}\right)^2\right]^{-1/2}\right\} \tag{2.13}$$

ここに

$$k = \frac{\rho_2 - \rho_1}{\rho_2 + \rho_1} \tag{2.14}$$

であり、$\rho_2 = \rho_1$ のとき $k = 0$、$\rho_2 = \infty$ のとき $k = 1$ となる。式 (2.13) は以下の特別な場合を含んでいる。

- $\rho_2 = \rho_1$ のとき：抵抗率 ρ_1 の単一層の半無限体
- $d = 0$ のとき：抵抗率 ρ_2 の単一層の半無限体
- $\rho_2 = \infty$ のとき：厚さ d の単一層
- $\rho_2 = \infty$ で d を小さくしたとき：厚さ d の単一層の薄板を対象とした二次元問題

なお文献 (4) では、式 (2.13) を踏まえて低炭素鋼表面上の酸化膜の電気抵抗率評価が行われている。また文献 (5)、(6) には単一層に表面き裂が存在するときの直流電流の点入出力によるき裂評価問題が詳述されている。そこでは端子間隔とき裂寸法の比を保ったとき、電位差とき裂寸法との間の無次元関係式（き裂評価式）がき裂寸法の大小によらず不変であることを踏まえ、小さい二次元および半だ円板状三次元表面き裂に対するき裂評価式に基づき、大きいき裂まで対象として評価できることが示されている。

2.2.4 磁束の点入出力に関する静磁界線形問題

表 2.1　直流電流問題と静磁界線形解析問題の数学的類似性

直流電流問題		静磁界線形解析問題	
電位	ϕ	磁位	Ω
電界の強さ	$\boldsymbol{E} = -\mathrm{grad}\phi$	磁界の強さ	$\boldsymbol{H} = -\mathrm{grad}\Omega$
電流密度	$J = \sigma \boldsymbol{E} = -\sigma \mathrm{grad}\phi$	磁束密度	$B = \mu \boldsymbol{H} = -\mu \mathrm{grad}\Omega$
電流	I	磁束	Φ
支配方程式	$\frac{\partial^2 \phi}{\partial x_1^2} + \frac{\partial^2 \phi}{\partial x_2^2} + \frac{\partial^2 \phi}{\partial x_3^2} = 0$ （$\mathrm{div}\boldsymbol{J} = 0$ より）	支配方程式	$\frac{\partial^2 \Omega}{\partial x_1^2} + \frac{\partial^2 \Omega}{\partial x_2^2} + \frac{\partial^2 \Omega}{\partial x_3^2} = 0$ （$\mathrm{div}\boldsymbol{B} = 0$ より）

直流電流問題と静磁界線形解析問題の間には数学的類似性がある。はじめにこれを表 2.1 にまとめて示す。電位を ϕ、磁位を Ω、抵抗率を ρ、導電率を $\sigma(= 1/\rho)$、磁気抵抗率を $\overline{\nu}$、透磁率を $\mu(= 1/\overline{\nu})$ と表す。表 2.1

より両問題において対応する物理量がわかる。なお付録 2.3 には、電界の強さ、磁界の強さ、磁束、透磁率、磁束密度とは何かについて記す。

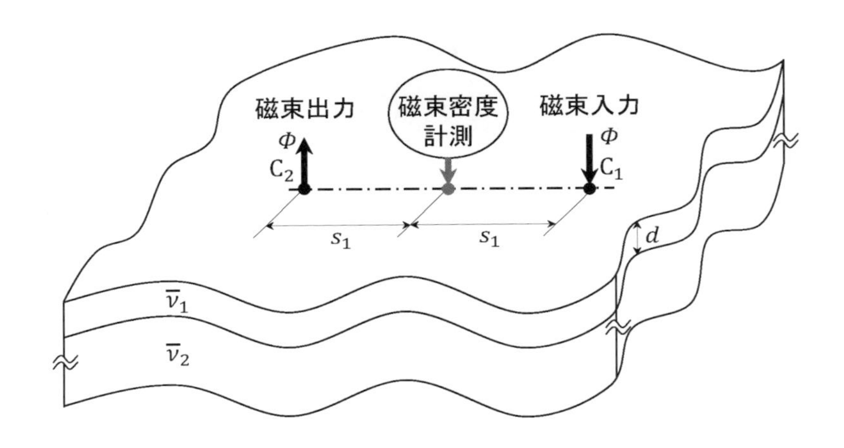

図 2.4　水平二層構造（上層の板厚 d 、下層の板厚=∞）に対する磁束の点入出力と磁束密度計測

対象とする広い表面を有する水平二層構造への磁束の点入出力に対する磁気計測の状況を図 2.4 に示す。これを静磁界線形問題として扱うことを考える。上層、下層の $\overline{\nu}$ をそれぞれ $\overline{\nu}_1$、$\overline{\nu}_2$ と表す。図中の点 C_1、C_2 を結んだ方向の磁束密度を、$\overline{\mathrm{C}_1\mathrm{C}_2}$ の中点の近接直上で計測するものとする。

次に境界面を介しての $\boldsymbol{H}$ の大きさ H の連続性（境界面に沿った方向）を考える。当該問題では図 2.5 の $\overline{\mathrm{a}_1\mathrm{a}_4}$ に沿った H と $\overline{\mathrm{a}_2\mathrm{a}_3}$ に沿った H は等しい。これは以下のように導かれる。

アンペアの周回路の法則（Ampere's circuital law）を $\mathrm{a}_1\mathrm{a}_2\mathrm{a}_3\mathrm{a}_4$ なる周回路について考えたとき、同周回路を突っ切る電流がないことより、同周回路に沿った H の積分は 0 となる。ここで材料表面近傍の空気中で特に $\overline{\mathrm{C}_1\mathrm{C}_2}$ の中点近傍では材料表面に垂直方向の H は 0 とみなせることより、$\overline{\mathrm{a}_1\mathrm{a}_2}$、$\overline{\mathrm{a}_3\mathrm{a}_4}$ に沿った積分は 0 と近似でき、結局、$\overline{\mathrm{a}_4\mathrm{a}_1}$ 、$\overline{\mathrm{a}_2\mathrm{a}_3}$

に沿った分だけが残り、かつ $\overline{a_1a_4}=\overline{a_2a_3}$ であることより、$\overline{a_1a_4}$ に沿った H（これを H_0 と表す）と $\overline{a_2a_3}$ に沿った H（H_1 と表す）は等しい。

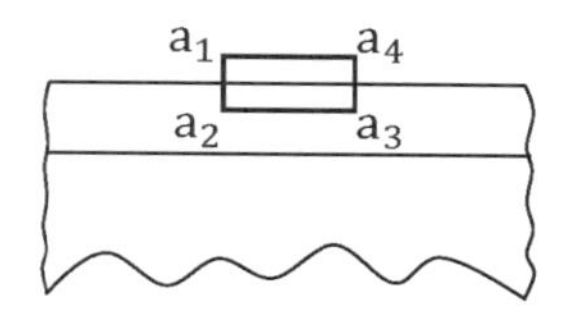

図 2.5　境界面を介した磁界の連続性
（$\overline{a_1a_4}$ は材料表面近傍の空気中にあり、$\overline{a_2a_3}$ は上層表面内にあり、いずれも短い。）

以上より、式 (2.13) について I を Φ に代えて、ρ_1 を $\overline{\nu}_1$、ρ_2 を $\overline{\nu}_2$ に代えて、かつ s_2 を小さな値にすると（$s_2 \to 0$）、$\overline{C_1C_2}$ の中点における gradΩ が $V/(2s_2)$ として求められる。これに $-1/\overline{\nu}_1$ を掛けたものが $\overline{C_1C_2}$ の中点における上層材料表面上の磁束密度（B_1 と表す）であり、

$$B_1 = -\frac{1}{\overline{\nu}_1}\frac{V}{2s_2} \tag{2.15}$$

なお

$$H_1 = -\frac{V}{2s_2} \tag{2.16}$$

であり、これは上記のように空気中の H_0 に等しい。故に空気の透磁率を μ_0、空気中で計測される磁束密度を B_0 と表せば

$$B_0 = -\mu_0\frac{V}{2s_2} \quad \text{（図 2.4では左向き）} \tag{2.17}$$

となる。

これより計測で求まる磁束密度の値を式 (2.17) の左辺に代入し、一方、右辺の V に式 (2.13) を代入すれば、式 (2.13) には未知量 $\overline{\nu}_1$、$\overline{\nu}_2$、d が入っているため、s_1 の値を三つ変えて磁束密度を計測し、式を三つ連

立させて解けば、未知量三つが原理的には求まることになる。なお未知量三つのうち予め既知とできるものがあれば、それだけ s_1 の値を変える数を減らせることになる。

以上で対象とできる代表例は図 2.6 に示す以下の三つの場合である。

- 二層の上層の表面上で磁束を入出力する場合
- 上層の磁気抵抗率を空気と同じにし、一層の上表面より少し上方の空気中で磁束を入出力する場合
- 下層の磁気抵抗率を空気と同じにし、一層の上表面上で磁束を入出力する場合

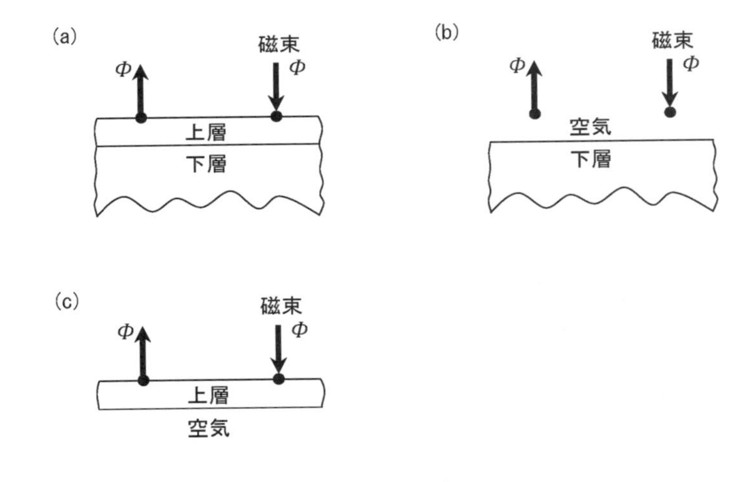

図 2.6　水平二層構造における磁束入出力の代表例
(a) 上層/下層、(b) 空気/下層、(c) 上層/空気

式 (2.13) の特別な場合（$\rho_1 = \rho_2$）を考えれば、静磁界線形問題では $\overline{\nu}_1 = \overline{\nu}_2$ の場合に相当し、

$$V = \frac{2\rho_1 I}{\pi} \frac{s_2}{s_1^2 - s_2^2} \tag{2.18}$$

より、材料の透磁率を $\mu(=1/\overline{\nu}_1)$ と表せば、式 (2.17)、(2.18) より、

$$B_0 = \frac{\Phi}{\pi}\frac{1}{s_2^2 - s_1^2}\frac{\mu_0}{\mu} \approx -\frac{\Phi}{\pi s_1^2}\frac{\mu_0}{\mu} \tag{2.19}$$

これより

$$\mu = -\frac{\Phi}{\pi s_1^2}\frac{\mu_0}{B_0} \tag{2.20}$$

となり、B_0 を計測して μ を求めることができる。なお式 (2.19) より s_1 を小さな値にすることにより、また Φ を大きな値にすることにより B_0 が大きくなり、さらに

$$\frac{dB_0}{d\mu} = \frac{\Phi}{\pi s_1^2}\frac{\mu_0}{\mu^2} \tag{2.21}$$

となることより、μ の変化（違い）を B_0 の変化（違い）により計測する際の感度も高くなる。

また検査材の μ と参照材の μ（これを μ^* と表す）の比（μ/μ^*）を評価する場合には、B_0 の計測に同じ大きさの Φ を使えば、Φ の値は打ち消されるため、その値を知る必要はない。なお常磁性体に式 (2.19) を適用すれば $\mu_0/\mu = 1$ と近似できるため、式 (2.19) を用いることにより、空気中の磁束密度 B_0 を計測して Φ の値を求めることもできる。

2.2.5 静磁界線形問題の応力評価への展開

空気中の磁束密度計測による材料の透磁率の求め方を式 (2.20) に示した。ここではこれを応用して、強磁性体表面の応力を評価することを考えてみよう。なお本項では材料表面上で方向によって透磁率の値が異なる一般的な場合を対象とするが、式 (2.20) は磁界の線形解析に基づく上に、透磁率が方向によらず一定と仮定している。これよりここに示す取扱いは第一近似的なものである。

図 2.7 に示す単軸引張実験で、x_1' 軸、x_2' 軸方向の透磁率をそれぞれ μ_1'、μ_2'、ポアソン比を ν、無負荷状態に対する透磁率を $\overline{\mu}$、x_1' 軸、x_2' 軸方向の垂直ひずみを e_{11}'、e_{22}' と表し、

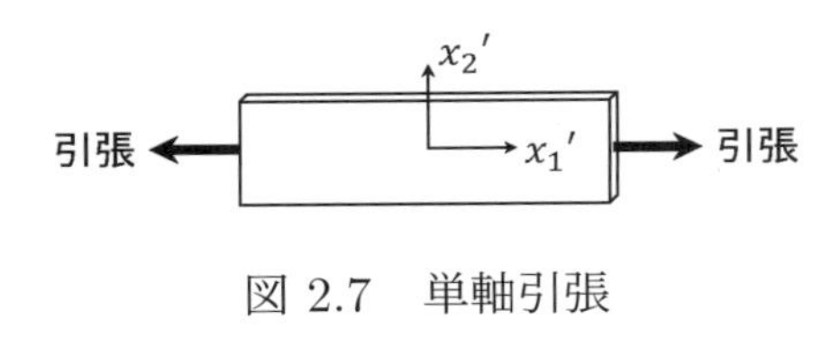

図 2.7　単軸引張

$$\mu_1' = \overline{\mu}(1 + \alpha_1 e_{11}'), \tag{2.22}$$

$$\mu_2' = \overline{\mu}(1 + \alpha_2 e_{22}') \tag{2.23}$$

とおく。単軸引張の場合には $e_{22}' = -\nu e_{11}'$ であり、α_1、α_2 はそれぞれ引張ひずみ、圧縮ひずみが透磁率に及ぼす影響の係数を表す。

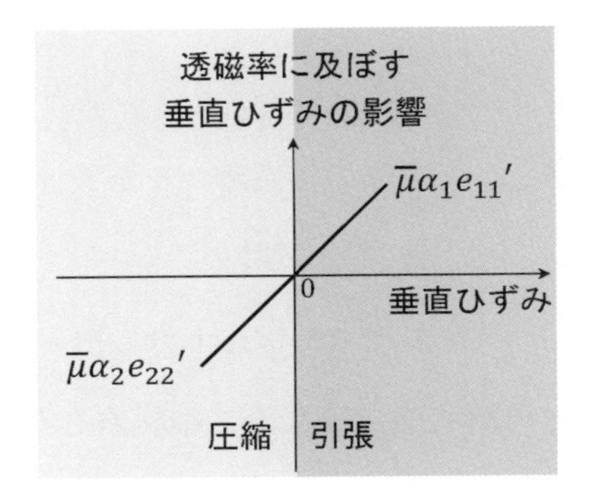

図 2.8　単軸引張において $\alpha_1 = \alpha_2$ なる仮定の下での
透磁率と垂直ひずみの関係（$e_{11}' > 0$、$e_{22}' < 0$）

ここで文献（7）にならい

$$\alpha_1 = \alpha_2 (\equiv \alpha^*) \tag{2.24}$$

と仮定する。これは透磁率に及ぼす垂直ひずみの影響について、図 2.8 のように引張に対して圧縮をそのまま直線的に延長できることを仮定し

ていることになる。

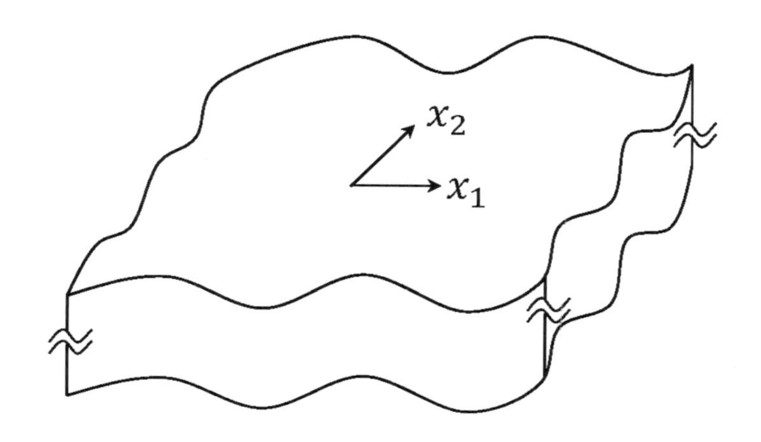

図 2.9　板厚=∞ なる材料表面上の $x_1 - x_2$ 座標系

さて図 2.9 に示すような材料の表面の応力状態として平面応力状態を考え、ヤング率を E、x_1 軸方向の垂直応力を τ_{11}、x_1 軸、x_2 軸方向の垂直ひずみをそれぞれ e_{11}、e_{22} と表せば、

$$\tau_{11} = \frac{E}{1 - \nu^2}(e_{11} + \nu e_{22}) \tag{2.25}$$

一般的な場合として単軸状態ではなく二軸状態を考えて、式 (2.25) に (2.22) 、(2.23) を代入すれば、

$$\tau_{11} = \frac{E}{\alpha^*(1 - \nu^2)}\left\{\frac{\mu_1}{\overline{\mu}} - 1 + \nu\left(\frac{\mu_2}{\overline{\mu}} - 1\right)\right\} \tag{2.26}$$

ここに x_1、x_2 軸方向の透磁率を μ_1、μ_2 と表している。先にも説明したように、ひずみが 0 のときの空気中の磁束密度 B_0 の計測と、応力が存在するときの B_0 の計測に同じ大きさの Φ を使えば、式 (2.26) の使用にあたって、Φ の値は打ち消されるのでわからなくてもよい。

図 2.9 の $x_1 - x_2$ 座標系を材料表面上で回転させた種々の方向について、x_1 軸方向の B_0 を計測して式 (2.20) より μ_1 を求めれば、それが最

大値をとる方向が最大主応力 τ_1 の方向である。その方向の μ_1 と、対応する x_2 軸方向の μ_2 を求め、式 (2.26) より $\tau_{11}(=\tau_1)$ を求めればよい。

以上は単一の半無限体を対象として式 (2.20) を用いる場合の説明である。例えば、単一材料であるが板厚が薄くなり、板厚 d を考慮しないといけない場合には、空気中の磁束密度計測と 2.2.2 項に記した式 (2.12) を用いて式 (2.17) より透磁率を求め、それを式 (2.26) に代入すればよい。ここに式 (2.12) と (2.17) より、$s_2 \ll s_1$ として、薄板の μ は式 (2.20) において s_1^2 を $s_1 d$ で置き換えることにより求められる［演習問題 2(2.1) 参照］。

前述したように式 (2.20) は透磁率が方向によらず一定と仮定して導かれたものである。式 (2.20) にさらに、主応力 τ_1 の方向とそれに直交する方向で透磁率の値が異なる場合をも対象とした補正を考慮すれば、評価の質の向上が見込まれる。

2.2.6 異材接合角部における直流電流場の漸近解

導電部品の角部において直流電流は特異な挙動を示す。かつ角部が異材の接合により現れる場合には、その特異挙動はより複雑なものとなる。当該電流場の漸近解が文献 (8) に示されているのでここに概略を説明する。

図 2.10 に示すような材料 1 と材料 2 の二つの異種材料からなる角部に電流が流れる場合を考える。両材料の抵抗率はそれぞれ一定と仮定し、ρ_1、ρ_2 と表す。材料境界は入力側と出力側を除いて電気的に絶縁されているものと仮定する。図 2.10 のように角部近傍に定義された極座標系 (r, θ) を導入すると、角部近傍の電位 ϕ と電流密度の r、θ 方向成分 j_r、j_θ の漸近解は次のようになる。なお添字 (1)、(2) により材料 1、2 に対するものであることを示す。

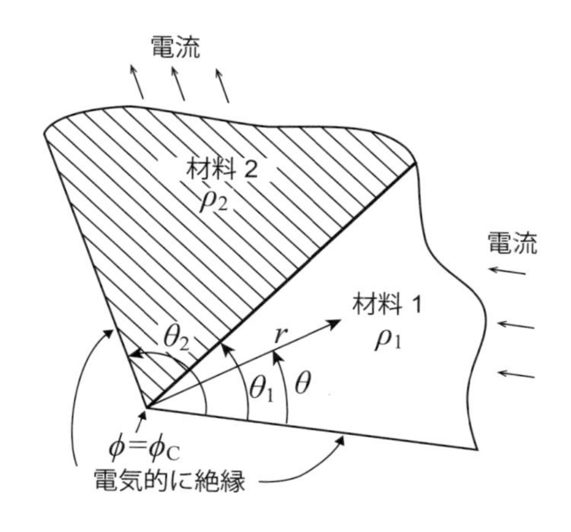

図 2.10　二つの異材接合角部を流れる電流

$$
\left.
\begin{aligned}
\phi_{(1)} &= \sqrt{\frac{2}{\pi}}\rho_1 K r^{\xi}\,\frac{\cos(\xi\theta)}{\sin(\xi\theta_1)} + \phi_C \quad (0 \le \theta \le \theta_1),\\
j_{r(1)} &= -\sqrt{\frac{2}{\pi}} K r^{\xi-1}\,\frac{\xi\cos(\xi\theta)}{\sin(\xi\theta_1)} \quad (0 \le \theta \le \theta_1),\\
j_{\theta(1)} &= \sqrt{\frac{2}{\pi}} K r^{\xi-1}\,\frac{\xi\sin(\xi\theta)}{\sin(\xi\theta_1)} \quad (0 \le \theta \le \theta_1),\\
\phi_{(2)} &= -\sqrt{\frac{2}{\pi}}\rho_2 K r^{\xi}\,\frac{\cos\{\xi(\theta-\theta_2)\}}{\sin\{\xi(\theta_2-\theta_1)\}} + \phi_C \quad (\theta_1 \le \theta \le \theta_2),\\
j_{r(2)} &= \sqrt{\frac{2}{\pi}} K r^{\xi-1}\,\frac{\xi\cos\{\xi(\theta-\theta_2)\}}{\sin\{\xi(\theta_2-\theta_1)\}} \quad (\theta_1 \le \theta \le \theta_2),\\
j_{\theta(2)} &= -\sqrt{\frac{2}{\pi}} K r^{\xi-1}\,\frac{\xi\sin\{\xi(\theta-\theta_2)\}}{\sin\{\xi(\theta_2-\theta_1)\}} \quad (\theta_1 \le \theta \le \theta_2)
\end{aligned}
\right\} \tag{2.27}
$$

ここに $K(>0)$ は印加電流に依存する係数である。また電流密度の特異場を表す $\xi(0<\xi<1)$ は、以下の式を満たす。

$$
\left(\frac{\rho_1}{\rho_2}-1\right)\sin\{\xi(2\theta_1-\theta_2)\} - \left(\frac{\rho_1}{\rho_2}+1\right)\sin(\xi\theta_2) = 0 \tag{2.28}
$$

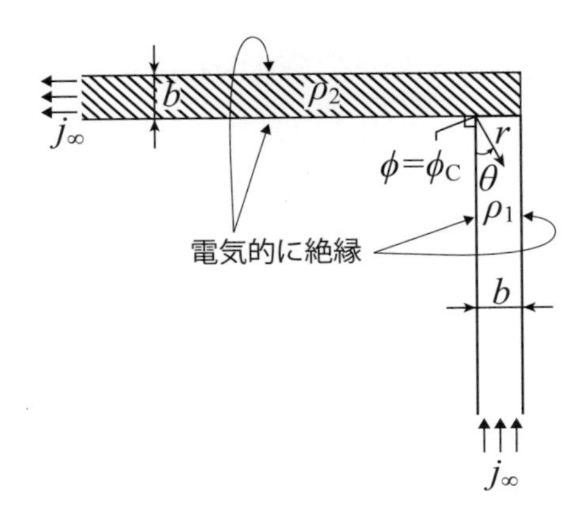

図 2.11　同一幅 b の二つの異種材料からなる折れ曲がり配線
($\theta_1 = \pi/2$、$\theta_2 = 3\pi/2$、角部から離れた位置での電流密度$=j_\infty$)

図 2.11 に示す電子機器でよく見られる直角の折れ曲がり配線の内角近傍の電位と電流密度の漸近解は、次のようになる。なおこの場合には $K = (3/4)(3\pi/2)^{1/2}(3\pi/4)^{-1/3} j_\infty (1/b)^{\xi-1}$ である。

$$
\left.
\begin{aligned}
\phi_{(1)} &= \frac{3\sqrt{3}}{4}\left(\frac{3\pi}{4}\right)^{-1/3} \rho_1 j_\infty b \left(\frac{r}{b}\right)^{\xi} \frac{\cos(\xi\theta)}{\sin(\xi\pi/2)} + \phi_C \ (0 \le \theta \le \frac{\pi}{2}),\\
j_{r(1)} &= -\frac{3\sqrt{3}}{4}\left(\frac{3\pi}{4}\right)^{-1/3} \xi j_\infty \left(\frac{r}{b}\right)^{\xi-1} \frac{\cos(\xi\theta)}{\sin(\xi\pi/2)} \quad (0 \le \theta \le \frac{\pi}{2}),\\
j_{\theta(1)} &= \frac{3\sqrt{3}}{4}\left(\frac{3\pi}{4}\right)^{-1/3} \xi j_\infty \left(\frac{r}{b}\right)^{\xi-1} \frac{\sin(\xi\theta)}{\sin(\xi\pi/2)} \quad (0 \le \theta \le \frac{\pi}{2}),\\
\phi_{(2)} &= -\frac{3\sqrt{3}}{4}\left(\frac{3\pi}{4}\right)^{-1/3} \rho_2 j_\infty b \left(\frac{r}{b}\right)^{\xi} \frac{\cos\{\xi(\theta-3\pi/2)\}}{\sin(\xi\pi)} + \phi_C \ (\frac{\pi}{2} \le \theta \le \frac{3\pi}{2}),\\
j_{r(2)} &= \frac{3\sqrt{3}}{4}\left(\frac{3\pi}{4}\right)^{-1/3} \xi j_\infty \left(\frac{r}{b}\right)^{\xi-1} \frac{\cos\{\xi(\theta-3\pi/2)\}}{\sin(\xi\pi)} \quad (\frac{\pi}{2} \le \theta \le \frac{3\pi}{2}),\\
j_{\theta(2)} &= -\frac{3\sqrt{3}}{4}\left(\frac{3\pi}{4}\right)^{-1/3} \xi j_\infty \left(\frac{r}{b}\right)^{\xi-1} \frac{\sin\{\xi(\theta-3\pi/2)\}}{\sin(\xi\pi)} \quad (\frac{\pi}{2} \le \theta \le \frac{3\pi}{2})
\end{aligned}
\right\}
\tag{2.29}
$$

2.2.7 二つの異なる因子の影響の相互作用の式表現

二つの異なる影響因子が同時に存在するとき、影響の総合について考えると、それが両影響の単なる和ではなく、さらに両影響の相互作用（interaction）が加わったものになることを示そう。はじめに二変数関数 $f(x_1+\Delta x_1, x_2+\Delta x_2)$ のテイラー展開を以下に示す。

$$
\begin{aligned}
&f(x_1+\Delta x_1, x_2+\Delta x_2)\\
=&f(x_1,x_2)+\frac{\partial f(x_1,x_2)}{\partial x_1}\Delta x_1+\frac{\partial f(x_1,x_2)}{\partial x_2}\Delta x_2\\
&+\frac{1}{2}\left\{\frac{\partial^2 f(x_1,x_2)}{\partial x_1^2}(\Delta x_1)^2+2\frac{\partial^2 f(x_1,x_2)}{\partial x_1\partial x_2}\Delta x_1\Delta x_2+\frac{\partial^2 f(x_1,x_2)}{\partial x_2^2}(\Delta x_2)^2\right\}\\
&+\frac{1}{3!}\left\{\frac{\partial^3 f(x_1,x_2)}{\partial x_1^3}(\Delta x_1)^3+3\frac{\partial^3 f(x_1,x_2)}{\partial x_1^2\partial x_2}(\Delta x_1)^2\Delta x_2\right.\\
&\qquad\left.+3\frac{\partial^3 f(x_1,x_2)}{\partial x_1\partial x_2^2}\Delta x_1(\Delta x_2)^2+\frac{\partial^3 f(x_1,x_2)}{\partial x_2^3}(\Delta x_2)^3\right\}+\cdots
\end{aligned}
\tag{2.30}
$$

式 (2.30) のテイラー展開において $(x_1,x_2)=(0,0)$ の場合（マクローリン展開と呼ばれる）、式 (2.30) の右辺第一項の $f(0,0)$ は x_1 も x_2 もないときの値を表すことを参考に、二つの異なる因子 1、2 の影響を受ける関数 V を次のように表すことを考える。

$$
\begin{aligned}
V=&V_0+\Delta V_1+\Delta V_2\\
&+C_1\frac{(\Delta V_1)^2}{V_0}+C\frac{\Delta V_1\Delta V_2}{V_0}+C_2\frac{(\Delta V_2)^2}{V_0}+3\text{ 次以上の項}
\end{aligned}
\tag{2.31}
$$

ここに V_0 は影響因子が何もないときの V の値を表し、ΔV_1、ΔV_2 はそれぞれ影響因子 1 のみ存在する場合、影響因子 2 のみ存在する場合の V_0 に対する影響を表す項である。また C_1、C、C_2 は未定定数である。

影響因子 1 のみ、影響因子 2 のみ存在する場合の V の正解は

$$
\left.
\begin{aligned}
V&=V_0+\Delta V_1 \quad (\text{因子 1 のみの場合}),\\
V&=V_0+\Delta V_2 \quad (\text{因子 2 のみの場合})
\end{aligned}
\right\}
\tag{2.32}
$$

と表される。

ここで影響因子1のみの場合に $\Delta V_2 = 0$ として式 (2.31) を適用し、式 (2.32) と比較すれば、式 (2.32) で $(\Delta V_1)^2$ 以上の項がないことより、$C_1 = 0$、また3次以上の項=0となり、影響因子2のみの場合に $\Delta V_1 = 0$ として式 (2.31) を適用し、式 (2.32) と比較すれば、式 (2.32) で $(\Delta V_2)^2$ 以上の項がないことより、$C_2 = 0$、また3次以上の項=0となることがわかる。これより影響因子1、2が同時に存在する場合、V を以下のように表すことができる。

$$V = V_0 + \Delta V_1 + \Delta V_2 + C\frac{\Delta V_1 \Delta V_2}{V_0}$$

（因子1、2が同時に存在する場合）　(2.33)

式 (2.33) の右辺第四項は、因子1と因子2の影響の相互作用を表している。

式 (2.33) を用いて直流電流場における多重き裂の相互作用問題を解き非破壊評価する手法が文献 (9)、(10) に記されている。同様に、文献 (11) には被検査物内の直流電流場に誘起された空気中の磁場を用いて多重き裂を非破壊評価する手法が示されている。

2.2.8 ジュール発熱による温度分布

ジュール発熱（Joule heating）問題を考える。導体の境界 S_1、S_2、S が図 2.12 に示す状況にある場合を対象として、文献（12）には文献（13）、（14）を踏まえて、電気抵抗率 ρ と熱伝導率 λ の温度依存性を考慮した上で、ジュール発熱がある場合の定常熱伝導方程式のベクトル解析による有用な結果の導出が示されている。なお図 2.12 において T は温度、ϕ は電位を表す。以下にその概要を示す。

はじめに ϕ_0、T_{m} を任意定数として、

$$\Psi = (\phi - \phi_0)^2 - 2\int_T^{T_{\mathrm{m}}} \lambda\rho dT \qquad (2.34)$$

なる関数 Ψ を導入する。定常熱伝導方程式を電流保存則を考慮してベクトル解析により変形することにより

$$\operatorname{div}(\sigma \operatorname{grad} \Psi) = 0 \tag{2.35}$$

を得る。ここに $\sigma(= 1/\rho)$ は導電率である。式 (2.35) を満足する $\Psi = 0$ の下で、式 (2.34) より T は ϕ の関数であり、等電位線が等温線になることがわかる。また $\Psi = 0$ の下での式 (2.34) を ϕ で微分することにより、$\phi = \phi_0$ で $dT/d\phi = 0$ となり、また式 (2.34) で $\Psi = 0$ のとき $\phi = \phi_0$ では $T = T_{\mathrm{m}}$ となることより、$\phi = \phi_0$ なる位置で $T = T_{\mathrm{m}}$ となり最高温度となることがわかる。

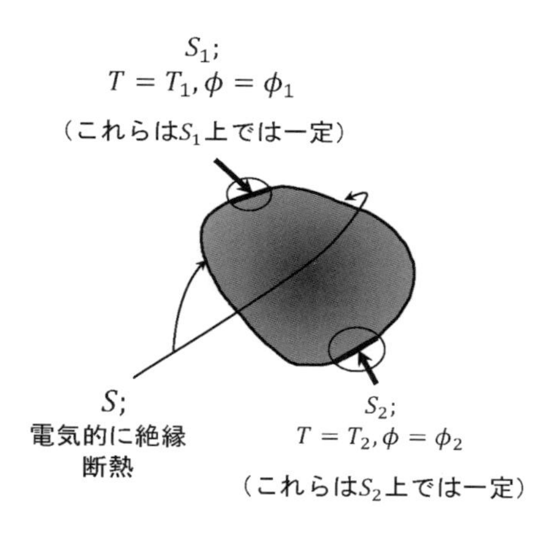

図 2.12　導体（薄墨部分）におけるジュール発熱問題の境界条件

なお $\Psi = 0$ の下での式 (2.34) に $\phi = \phi_1$ で $T = T_1$、また $\phi = \phi_2$ で $T = T_2$ を代入することにより次式が得られる。

$$\phi_0 = \frac{\phi_1 + \phi_2}{2} + \frac{1}{\phi_2 - \phi_1} \int_{T_1}^{T_2} \lambda \rho dT \tag{2.36}$$

これより ϕ_0 は ϕ_1、ϕ_2、T_1、T_2 から求められ、また $\phi_0 = 0$ とする場合には ϕ_1、ϕ_2、T_1、T_2 の間に式 (2.36) の左辺を 0 とした関係が成り立つよ

うにこれらの数値が決まる。

最高温度になる位置の電位を 0（$\phi_0 = 0$）と定めれば、$T_2 \geq T_1$ で $\phi_1 < 0$、$\phi_2 > 0$ なる状況の場合に、電位差 $V(\equiv \phi_2 - \phi_1)$ は任意の形状の導体に対して

$$V = \sqrt{2\int_{T_2}^{T_\mathrm{m}} \lambda\rho dT} + \sqrt{2\int_{T_1}^{T_\mathrm{m}} \lambda\rho dT} \tag{2.37}$$

で与えられる。

ところで当該問題を扱うに際して有用であろうと思われる法則にヴィーデマン・フランツ則（Wiedemann-Franz law）がある。これは金属の熱伝導率の導電率に対する比が絶対温度に比例することを示したもので、絶対温度の前に掛かる比例定数はローレンツ数（Lorentz number）と呼ばれる。

式 (2.37) にヴィーデマン・フランツ則を用いれば、T を絶対温度とし、ローレンツ数を L と表せば、

$$\lambda\rho = LT \tag{2.38}$$

と表されることより

$$V = \sqrt{L(T_\mathrm{m}^2 - T_2^2)} + \sqrt{L(T_\mathrm{m}^2 - T_1^2)} \tag{2.39}$$

と、V と T_1、T_2、T_m の関係が表される。

一例として、均一な横断面を有する真直棒状の導体が空気中にあり、その両端の温度が等しく（$T_1 = T_2$）、両端の電位が ϕ_1、ϕ_2 なる場合を考えると、式 (2.36) より $\phi_0 = (\phi_1 + \phi_2)/2$ となる。ϕ_0 のこの値は、長手方向の中心における ϕ の値であることより、同位置で最高温度になることがわかる。また最高温度 T_m の値は、式 (2.39) より V および両端温度との関係として与えられる。

2.2.9 絶縁基板への熱の逃げと抵抗率の温度依存性を考慮したジュール発熱解析

絶縁基板の上に導体が固定され、電流下にある場合には、ジュール発熱による熱の基板への逃げが生じる。文献（12）では、基板への熱の逃げは考えられていない。

基板上の長さ l なる金属細線を対象として、電気抵抗率の温度依存性を考慮した上で、細線の熱伝導率と、細線と基板との間の界面熱伝導係数をそれぞれ定数として、抵抗率をはじめとしてこれら全ての値を求める手順が文献（15）に示されている。その概略を以下に示す。まず当該問題の一次元定常熱伝導方程式は文献（16）より次のように表される。

$$\lambda \frac{d^2T}{dx^2} + \rho j^2 - C_h(T - T_s) = 0 \tag{2.40}$$

抵抗率の温度依存性を考慮して、

$$\rho = \rho_0\{1 + \alpha(T - T_0)\} \tag{2.41}$$

なお x は細線長の中心を原点とする長手方向の座標、j は電流密度、T は細線の温度、T_s は基板温度、ρ_0 と α は室温 T_0 における電気抵抗率と温度係数、ρ は温度 T における電気抵抗率、λ は熱伝導率、$C_h(= ht')$ は細線の厚み t' と熱移動に係る係数 h に依存する細線と基板との間の界面熱伝導係数である。境界条件 $T(x = \pm\, l/2) = T_s$ の下で、$T_s = T_0$ と近似して、金属細線の温度分布は次のように求まる。

$$T = T_0 + \frac{\rho_0 j^2}{D}\left\{1 - \frac{\exp(Gx) + \exp(-Gx)}{A + B}\right\} \quad (D > 0) \tag{2.42}$$

ここに $D = C_h - \rho_0 j^2\alpha$、$G = \sqrt{D/\lambda}$ である。また

$$A = \exp(Gl/2), \quad B = 1/A \tag{2.43}$$

である。これより、細線の平均温度 $\overline{T}$ と細線中央における最高温度 T_{m} は次のように表される。

$$\overline{T} = \frac{1}{l}\int_{-l/2}^{l/2} T(x)dx = T_0 + \frac{\rho_0 j^2}{D}\left(1 - \frac{2}{Gl}\frac{A-B}{A+B}\right), \tag{2.44}$$

$$T_{\mathrm{m}} = T_0 + \frac{\rho_0 j^2}{D}\left(1 - \frac{2}{A+B}\right) \tag{2.45}$$

上記を踏まえ、異なる基板温度において小電流の通電実験を行って計測される電気抵抗値とその理論値を比較することにより、電気的物性値である ρ_0 と α を求めることができる。次に、室温で大電流の通電実験を行って計測される電気抵抗値と式 (2.41) の T に $\overline{T}$ を代入して得られるその理論値を比較することにより熱的物性値である λ と h を求めることができる。また電気的溶断実験により、T_{m} を細線の融点として、求められた物性値を総合的に検証することもできる。

なお上記における金属細線の熱伝導率を定数とする扱いは、ヴィーデマン・フランツ則から考えても、妥当であることを以下に記す。式 (2.41) の $\rho-T$ 関係を図 2.13 に実線で表す。T を絶対温度とみたとき、この関係を破線のように比例関係で近似すれば、ヴィーデマン・フランツ則より $\lambda(=LT/\rho)$ は一定と近似できる。

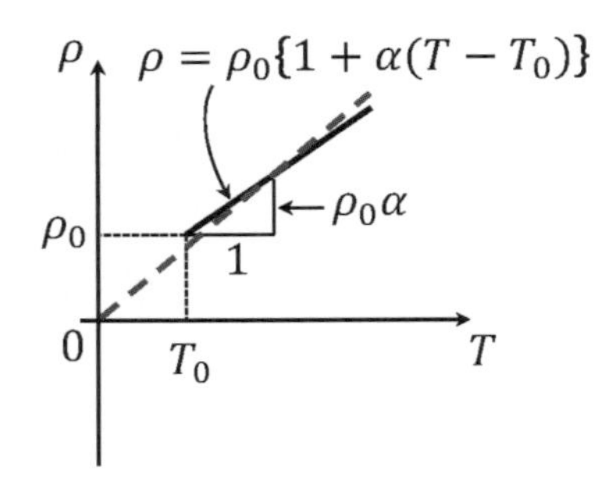

図 2.13　$\rho-T$ 関係の模式図

2.2.10 電圧制御と電流制御の違いがもたらす部材の異なる応答

部材に電流を供給する電源の制御の仕方に電圧制御と電流制御の二通りがある[*1]。電圧制御は単位時間に ΔV（ ≥ 0）なる一定の大きさの電圧増分を部材に与えるやり方である。ここに $\Delta V = 0$ なるときは定電圧に保持する場合である。一方、電流制御は単位時間に $\Delta I(\geq 0)$ なる一定の大きさの電流増分を部材に与えるやり方であり、$\Delta I = 0$ なるときは定電流に保持する場合である。電圧制御か電流制御かによって通電に伴う部材の応答が異なってくる。これを以下に示す二つの例で説明する。

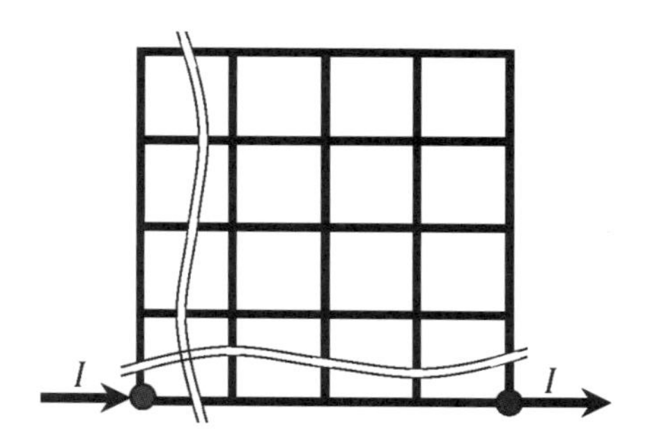

図 2.14　金属ナノワイヤメッシュの模式図

はじめに規則的な格子形状を持つ金属ナノワイヤメッシュの電気的溶断 (17)（electrical failure）について説明する。図 2.14 に示すナノワイヤメッシュを対象とし、電流 I の入出力における電熱連成解析を行い、オームの法則と熱量保存の法則から各節点の温度と節点間ワイヤの電流密度を求め、節点間のワイヤにおける温度分布を求める。なお単純化のために、熱の逃げと電気抵抗率の温度依存性を無視し、一次元定常熱伝

*1 二通りの制御は、材料力学の材料試験における変位制御と荷重制御に類似している。

導問題として考える。これにより求まるメッシュ内の最高温度が融点を超えたときを溶断発生と考え、一本（二節点間）ずつワイヤが溶断するときの入力電流と電流入出力点間の電圧、すなわち溶断電流と溶断電圧の関係を図 2.15 に示す。

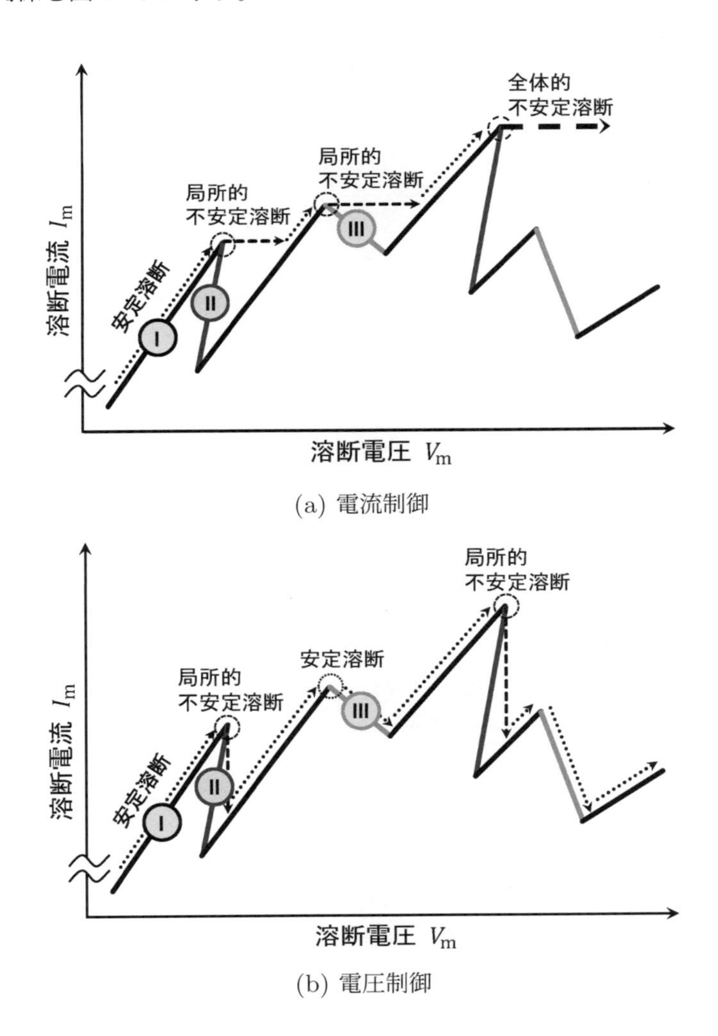

(a) 電流制御

(b) 電圧制御

図 2.15　金属ナノワイヤメッシュ溶断挙動の模式図

溶断の進行に伴い、当該関係は、電流入出力点間の電気抵抗を増加させながらジグザグの様相を呈し、(I) 溶断電圧と溶断電流共に増加する、(II) 溶断電圧と溶断電流共に減少する、(III) 溶断電流は減少するが溶断電圧は増加する、という三種類の特徴的な挙動が繰り返し発生することがわかる。ここで図 2.15(a) に示す電流制御の場合には、区間 I ではワイヤを溶断させるために電流を増加させる必要があり、安定な溶断が発生する。区間 II、III では一定の電流において複数のワイヤが一度に溶断してしまう局所的不安定溶断現象が発生する。溶断電流が最大値に達する場合には、メッシュ全体が破壊してしまう全体的不安定溶断現象が発生する。一方、図 2.15(b) に示す電圧制御であれば、区間 I と区間 II では電流制御と同様に、それぞれさらなる溶断を発生させるために電圧の増加が必要となる安定溶断と、一定電圧で複数のワイヤが一度に溶断する局所的な不安定溶断現象が発生するが、区間 III では電流制御と異なり、安定な溶断現象が発生する。以上の結果として、(a) と (b) の両図において破線で表した異なる応答が現れる。

続いてマイクロ/ナノワイヤの突合わせ電気的溶接 [18] (electrical welding) について説明する。二つの部材の接触部が通電により短時間の経過に伴って溶融し、その後に凝固するという過程を自己完結的に起こさせる。このような溶接にはジュール発熱の制御が肝要であり、電流制御によりそれが実現される。二つの部材の端面の微細な凹凸等の理由により、接触部の初期の電気抵抗 R は大きい。そこに定電流 I を通電すると単位時間当たりのジュール発熱（$= I^2R$）により温度が上昇して接触部は溶融しはじめ、凹凸の平坦化等が起こる。これによって実質的な接触面積が増加して R が減少し、単位時間当たりのジュール発熱が低下して温度が降下し、凝固が起こる。これが電圧制御であれば、定電圧 V で通電すると単位時間当たりのジュール発熱（$= V^2/R$）により接触部が溶融しはじめ、R が減少すると単位時間当たりのジュール発熱は上昇し、凝固は困難となる。

2.2.11 薄膜配線等のエレクトロマイグレーション

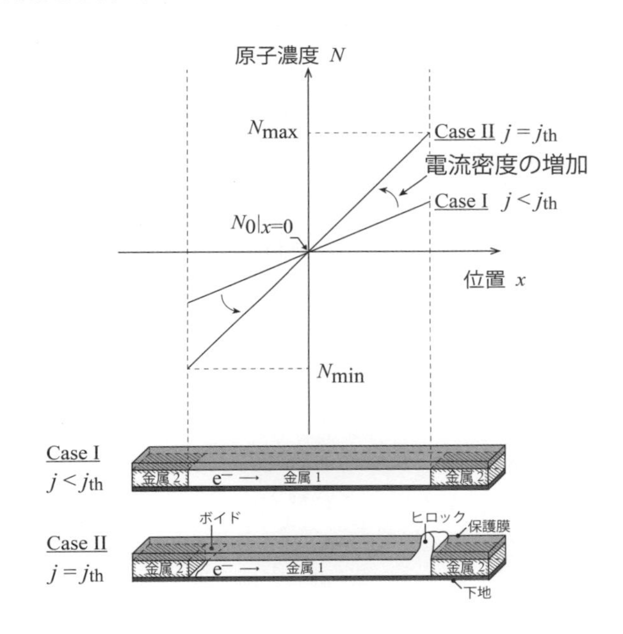

図 2.16　異種金属からなる典型的な絶縁保護膜付き一次元薄膜配線における原子濃度分布

直流電流による導体の損傷について考える。電子パッケージ内の保護膜被覆薄膜配線に流れる電流は小さいが、配線横断面の面積が非常に小さいことより、配線に流れる電流密度は非常に高い。電子流が高密度になると、配線内で原子移動が起こるようになる。これにより配線端で原子濃度の減少が進行すると断線につながる。一方、他方の配線端では原子の蓄積が進行して、やがてそれにより引き起こされる圧力上昇により保護膜が破壊して原子が漏出してヒロックと呼ばれる塊とかウィスカと呼ばれる極細線が形成され配線の短絡の原因となる。このような現象はエレクトロマイグレーション（electromigration）と呼ばれる。その概略を図 2.16 に示す。異種金属からなる絶縁保護膜付き一次元薄膜配線において、j なる電流密度の印加時にエレクトロマイグレーションによって原子が拡散すると、原子濃度 N が変化し、陽極側では原子が蓄積し（$N > N_0$）、陰極側では原子が枯渇する（$N < N_0$）。ここで N_0 は無応力状態での原子濃度である。N がヒロック形成に要する臨界原子濃度 N_{max}、ボイド形成に要する臨界原子濃度 N_{min} に達するときの j がしきい電流密度 j_{th} と定義される。

文献（19）には 2.2.6 項に示した異材接合角部の電流密度分布を踏まえたエレクトロマイグレーション損傷の解析が示されている。また文献（20）には、エレクトロマイグレーションにおける原子濃度と直流電流問題における電位の数学的類似性に着目して、任意形状のインターコネクトについて j_{th} を、直流電流問題の有限要素解析を用いて予測する手法が示されている。一方、エレクトロマイグレーションを制御してマイクロ・ナノ材料を創製するという有効利用についての研究も行われている [21]。

2.3 交流

2.3.1 表皮効果の式表示

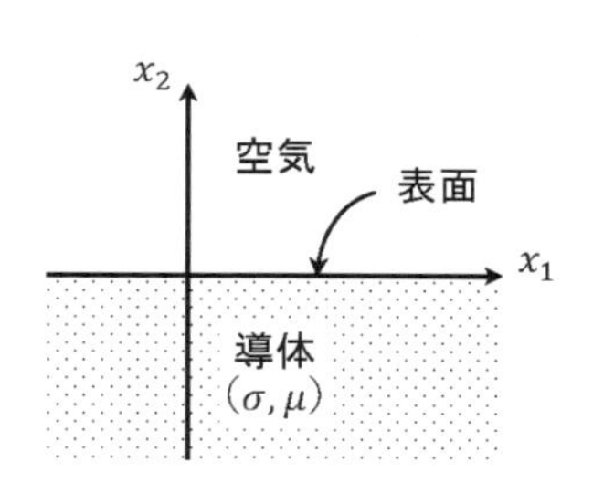

図 2.17　半無限導体

マクスウェルの方程式（Maxwell’s equations）を変位電流を無視して変形すれば、導電率を σ、透磁率を μ、電流密度ベクトルを $\boldsymbol{J}$、時間を t として

$$\sigma\mu\frac{\partial \boldsymbol{J}}{\partial t} = \frac{\partial^2 \boldsymbol{J}}{\partial x_1^2} + \frac{\partial^2 \boldsymbol{J}}{\partial x_2^2} + \frac{\partial^2 \boldsymbol{J}}{\partial x_3^2} \quad (2.46)$$

が得られる [22a]。導体内での電流密度の時間的、空間的な分布は式 (2.46) に従う。ここで図 2.17 に示すように x_1 軸に沿った無限に長い表面（$x_2 = 0$）を有する半無限体に、$\boldsymbol{J}$ が

x_3 軸方向に流れる状況を考える。$\boldsymbol{J}$ の x_3 軸方向成分を J_3 と表し、J_3 が x_1 によらないとき、式 (2.46) は

$$\sigma\mu\frac{\partial J_3}{\partial t}=\frac{\partial^2 J_3}{\partial x_2^2} \tag{2.47}$$

となる。

交流電流（alternating current）問題を対象とするにあたり、第一近似的に線形問題として扱い、複素数近似による解析について説明する。はじめに複素数 $\hat{J}_3(x_2)$ を導入し、さらに角振動数を ω で表し、$i=\sqrt{-1}$ として、$\hat{J}_3$ に複素数 $e^{i\omega t}(=\cos\omega t+i\sin\omega t)$ を掛け、J_3 を時間的に正弦波状に変化するものとして次のように複素数の実部 Re で表示する。

$$J_3=\mathrm{Re}\Big[\hat{J}_3(x_2)e^{i\omega t}\Big] \tag{2.48}$$

複素数の虚部を Im で表すこととし、$\hat{J}_3$ を $\mathrm{Re}[\hat{J}_3]+i\mathrm{Im}[\hat{J}_3]$ と表せば、式 (2.48) より

$$J_3=\mathrm{Re}[\hat{J}_3]\cos\omega t-\mathrm{Im}[\hat{J}_3]\sin\omega t \tag{2.49}$$

と表すことができる。ここで図 2.18 のように Re に対して Im が直交したグラフを導入すれば、$\tan^{-1}\Big(\mathrm{Im}[\hat{J}_3]/\mathrm{Re}[\hat{J}_3]\Big)$ を θ と表して、

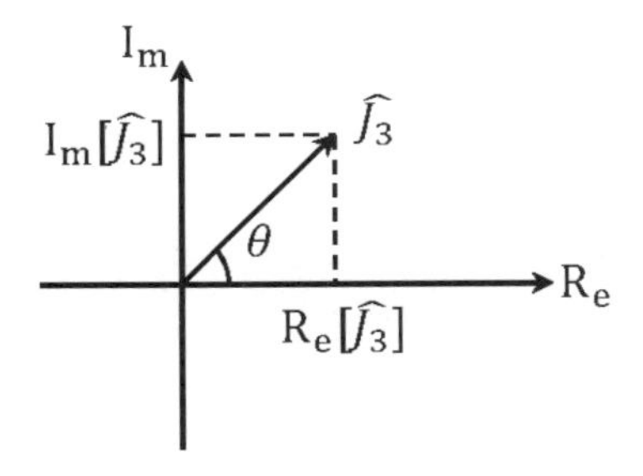

図 2.18　複素数 $\hat{J}_3$ の実部と虚部

$$\left.\begin{aligned}\mathrm{Re}[\hat{J}_3]&=\sqrt{\Big(\mathrm{Re}[\hat{J}_3]\Big)^2+\Big(\mathrm{Im}[\hat{J}_3]\Big)^2}\cos\theta,\\ \mathrm{Im}[\hat{J}_3]&=\sqrt{\Big(\mathrm{Re}[\hat{J}_3]\Big)^2+\Big(\mathrm{Im}[\hat{J}_3]\Big)^2}\sin\theta\end{aligned}\right\} \tag{2.50}$$

となることより、式 (2.50) を (2.49) に代入して

$$J_3=\sqrt{\Big(\mathrm{Re}[\hat{J}_3]\Big)^2+\Big(\mathrm{Im}[\hat{J}_3]\Big)^2}\cos(\omega t+\theta) \tag{2.51}$$

となることがわかる。ここで式 (2.49) を (2.47) に代入すると

$$\sigma\mu\frac{\partial}{\partial t}\Big(\mathrm{Re}[\hat{J}_3]\cos\omega t - \mathrm{Im}[\hat{J}_3]\sin\omega t\Big) = \frac{\partial^2}{\partial x_2^2}\Big(\mathrm{Re}[\hat{J}_3]\cos\omega t - \mathrm{Im}[\hat{J}_3]\sin\omega t\Big) \tag{2.52}$$

この解は次のように表される。

$$\hat{J}_3 = J_3^* e^{\frac{x_2}{\delta}}\left(\cos\frac{x_2}{\delta} + i\sin\frac{x_2}{\delta}\right) \tag{2.53}$$

ここに

$$J_3^* = \begin{cases} \text{実数の一定の値} & \text{for} \quad x_2 \le 0 \\ 0 & \text{for} \quad x_2 > 0 \end{cases} \tag{2.54}$$

また

$$\delta = \sqrt{\frac{2}{\sigma\mu\omega}} \tag{2.55}$$

である。式 (2.53) を (2.52) に代入すれば、式 (2.52) が成り立つことがわかる。最終的に、式 (2.53) を (2.51) に代入すれば、

$$J_3 = J_3^* e^{\frac{x_2}{\delta}}\cos\Big(\omega t + \frac{x_2}{\delta}\Big) \tag{2.56}$$

が得られる。x_2 が負の方向に増えると式 (2.56) より J_3 の振幅は指数関数的に減少し、$x_2 = -\delta$ で $x_2 = 0$ なる表面上の値に対し $1/e$ 倍になる。δ を表皮厚さ（skin depth）という。なお式 (2.56) より、x_2 が負の方向に増えると、表面での値から位相差 x_2/δ が生じることもわかる。

以上の式の誘導は式 (2.48) を踏まえたものであるが、式 (2.48) において Re を Im に置き換えて J_3 を表示する場合には、式 (2.56) の cos が sin に置き換わることを付記しておく。

余談になるが、導体断面内で場所によらず一定の電流密度を想定した場合には、式 (2.47) の右辺=0 となることより、左辺の電流密度の時間

変化は0とならなければならず、これにより導体断面内で場所によらず一定となるような交流は存在し得ないことになる。式 (2.56) が示すように、交流電流は導体表面近傍に集中して流れる表皮効果（skin effect）を示す。

以上は電流密度についての説明であるが、磁界の強さ $\boldsymbol{H}$ について考えれば、式 (2.46) の $\boldsymbol{J}$ を $\boldsymbol{H}$ で置き換えた式が成り立つ [22a] ことより、$\boldsymbol{J}$ についての議論が $\boldsymbol{H}$ についても成り立ち、$\boldsymbol{H}$ も表皮効果を示すことがわかる。

2.3.2 供給電流との関係

x_1 方向の単位長さ当たりに流れる x_3 方向の供給電流を $\bar{I}$ と表せば

$$\bar{I} = \int_{-\infty}^{0} J_3 dx_2 \tag{2.57}$$

式 (2.57) に (2.56) を代入すれば

$$\begin{aligned}\bar{I} =& I_0 \cos(\omega t - \frac{\pi}{4}) \\ & \Big[x_3 \text{方向供給電流（} x_1 \text{方向単位長さ当たり）} \Big]\end{aligned} \tag{2.58}$$

と表されることがわかる。ここに I_0 は実数であり、I_0 を使って式 (2.53)、(2.54) の J_3^* は

$$J_3^* = \frac{\sqrt{2} I_0}{\delta} \tag{2.59}$$

で表され、供給電流の振幅を用いて与えられる。表面上（$x_2 = 0$）の電流密度は式 (2.56) より $\cos \omega t$ に比例するから、表面上の電流密度は $\bar{I}$ に対し $+\pi/4$ の位相差を有することになる。なお式 (2.48) の $e^{i\omega t}$ の代わりに $e^{i(\omega t + \pi/4)}$ を用いる場合には、式 (2.58) の $\cos(\omega t - \pi/4)$ は単純に $\cos \omega t$ となり、一方、式 (2.56) の $\cos(\omega t + x_2/\delta)$ は $\cos(\omega t + x_2/\delta + \pi/4)$ となり、$x_2 = 0$ における電流密度が $\bar{I}$ に対し $+\pi/4$ の位相差を有することが表現される。

2.3.3 空気中の磁界との関係

$\boldsymbol{J}$ が x_1 方向に変化しない J_3 のみの問題においては、アンペアの法則（Ampere's law）[アンペアの周回路の法則の微分形] より $\boldsymbol{H}$ の x_1 方向の成分を H_1 と表して

$$J_3 = -\frac{\partial H_1}{\partial x_2} \tag{2.60}$$

ここで式 (2.56) の導出と同様にして導体中の H_1 を次のように表す。

$$H_1 = H_1^* e^{\frac{x_2}{\delta}} \cos\left(\omega t + \frac{x_2}{\delta} - \frac{\pi}{4}\right) \tag{2.61}$$

ここに H_1^* は式 (2.54) の J_3^* と同様に定義される実数である。式 (2.61) のように表すことで H_1^* は、式 (2.56)、(2.61) を (2.60) に代入して、さらに式 (2.59) を用いることにより

$$H_1^* = -I_0 \tag{2.62}$$

と求まる。なお式 (2.56) と (2.61) の比較より、磁界の強さは電流密度に対して $\pi/4$ だけ遅れた位相差を有していることがわかる。

最後に、導体表面を介した磁界の接線方向成分の連続性を用いれば、式 (2.61) に $x_2 = 0$ を代入することにより、表面に接する空気中の磁界の x_1 方向成分 H_0 は式 (2.58)、(2.62) を考慮して

$$H_0 = -\bar{I} \tag{2.63}$$

と求まる。ここで対象にしている問題では、式 (2.63) が x_2 の関数でないことより、H_0 は x_2 によらない。

2.3.4 渦電流の概略

ここでは電磁場が時間的に正弦波状に変化する場合のみならず、任意に変化する場合も含めて考える。アンペアの法則より磁界の強さを $\boldsymbol{H}$、電流密度を $\boldsymbol{J}$ として、

$$\mathrm{rot}\boldsymbol{H} = \boldsymbol{J} \tag{2.64}$$

またファラデーの電磁誘導の法則（Faraday's electromagnetic induction law）より電界の強さを $\boldsymbol{E}$、磁束密度を $\boldsymbol{B}$、時間を t として、

$$\mathrm{rot}\boldsymbol{E} = -\partial \boldsymbol{B}/\partial t \tag{2.65}$$

式 (2.64) において $\boldsymbol{H}$ を右ねじの回転方向のベクトルとすると、$\boldsymbol{J}$ は右ねじの進む方向のベクトルとなる。これに対し、式 (2.65) では右辺に負号が付いているため、$\boldsymbol{H}$ は $\partial \boldsymbol{B}/\partial t > 0$ のとき、$\boldsymbol{E}$ は右ねじの回転方向と逆向きのベクトルとなる[*2]。導電率を σ として、$\boldsymbol{E}$ による $\boldsymbol{J}(=\sigma\boldsymbol{E})$ が渦電流（eddy current）であり、これによる $\boldsymbol{H}$ は $\partial \boldsymbol{B}/\partial t(>0)$ と逆方向、すなわち $\partial \boldsymbol{B}/\partial t$ を妨げる方向のベクトルとなる。

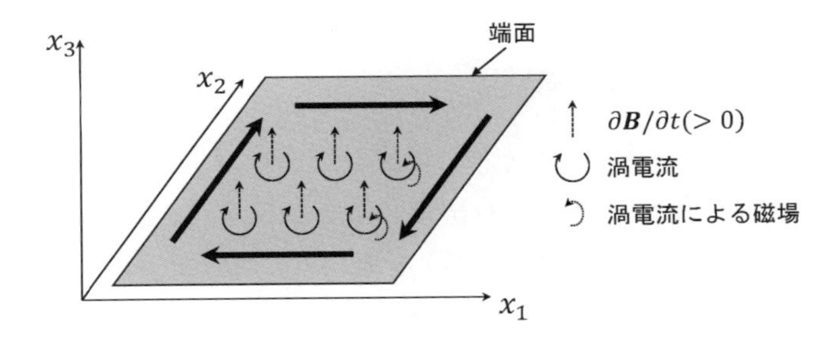

図 2.19　導体内一断面の渦電流とそれによる磁場の一時刻における様相の模式図

[*2] 2.3.3 項に関連して、$x_2 - x_3$ 面内の空気中において面積 S を有する領域の周囲に電流閉回路 C を考えると、H_0 により C に起電力 e が誘導される。C に沿った微小ベクトルを $d\boldsymbol{l}$、$d\boldsymbol{l}$ の方向を右ねじの回転する方向としたとき、右ねじの進む方向を向いた S の単位法線ベクトルを $\boldsymbol{n}$、S の面素を dS と表せば、

$$e \equiv \int_C \boldsymbol{E} \cdot d\boldsymbol{l} = \int_S (\mathrm{rot}\boldsymbol{E}) \cdot \boldsymbol{n} dS = -\int_S \frac{\partial \boldsymbol{B}}{\partial t} \cdot \boldsymbol{n} dS$$

ここにストークスの定理（Stokes' theorem）と式 (2.65) を用いた。ここで式 (2.63) より $\boldsymbol{B}$ が x_2、x_3 の関数ではないことを考慮すると、$\partial \boldsymbol{B}/\partial t$ は積分の外に出すことができ、e の表示が容易に求まる。e は ω と S に比例することがわかる。

導電率 σ を有する導体に図 2.19 に示すように $x_1 - x_2$ 面内で一様な磁場の時間変化 $\partial \boldsymbol{B}/\partial t(> 0)$ が x_3 軸方向に生じている時刻 t を考える。このとき $x_1 - x_2$ 面内に図中に示すように渦電流による磁場が $\partial \boldsymbol{B}/\partial t$ を妨げる方向に生じる。このように渦電流が発生する。$x_1 - x_2$ 面内の端面から離れた領域では隣り合う渦電流は方向が逆となるため打ち消し合い、一方、端面近くでは隣り合う渦電流の方向がそろい、渦電流は図中に太い矢印で示したように端面に沿って流れる。時間による $\partial \boldsymbol{B}/\partial t$ の正負に応じて、図 2.19 の全ての矢印の方向が変わる。

2.4 電磁力

2.4.1 電磁力の根源の概観

磁束密度 $\boldsymbol{B}$ なる磁場中にそれと直交して密度 $\boldsymbol{J}$ なる電流が導体に流れているとき、導体に電磁力（electromagnetic force）$\boldsymbol{f}\,(= \boldsymbol{J} \times \boldsymbol{B})$ が体積力として作用する。文献（23a）を基に、これは以下のようにみることができる。図 2.20 に示すように $\boldsymbol{B}$ による一様磁場に rot$\boldsymbol{H}$ [= $\boldsymbol{J}$ (アンペアの法則)] が加わることにより、導体の向かい合う側面について、$\boldsymbol{B}$ と同方向に $\boldsymbol{H}$ が向く側と、$\boldsymbol{B}$ と逆方向に $\boldsymbol{H}$ が向く側が形成され、これによって導体周りの空間に $\boldsymbol{H}$ の偏り（磁場による空間のゆがみの非対称性）が生じて導体に力が作用する。

ここで磁化についてイメージ的に考えてみよう。説明の精緻さよりは、概念的に理解することを優先する。文献（22b）を基に、図 2.21 に示すように磁化の原因の一つとされる物体内の原子核周りの電子の回転に起因した回転する電流を例にとり考える。これによりアンペアの右ねじの法則に従って円形電流の作る平面に垂直方向に磁束密度が存在する。外部磁場がなければこの磁束密度は熱振動によりランダムな方向を向いている。この物体を外部磁場の中に置くと、個々の原子に対する磁束密度の向きがそろう。これが磁化（magnetization）であり、これにより外部磁場が増強される。強磁性体では顕著にこれが起こり、常磁性体ではわずかに生じる。強磁性体では磁化率が非常に大きな値となり、透磁率 μ が非常に大きな値をとる。

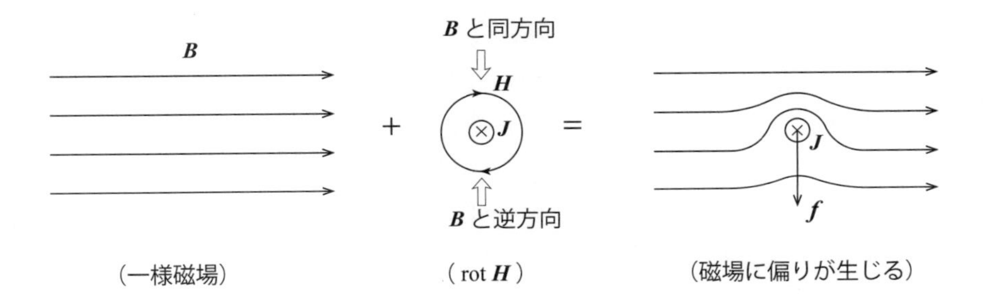

図 2.20　rot$\boldsymbol{H}$ による一様磁場の偏り

(右側の図において、導体の上の磁場を表す線が密なところでは磁束密度 $\boldsymbol{B}$ が高く、空間のゆがみが顕著であり、後述する式 (2.69) に基づく例示説明を参考にすれば、その線に垂直方向に大きな圧縮応力が作用する。一方、導体の下の線が粗なところでは空間のゆがみが小さく、線に垂直方向の圧縮応力は小さい。以上により、磁場を表す線（磁束線）が左右方向に張力を受けたピアノ線のように作用して、導体には下向きの電磁力 $\boldsymbol{f}$ が作用する。)

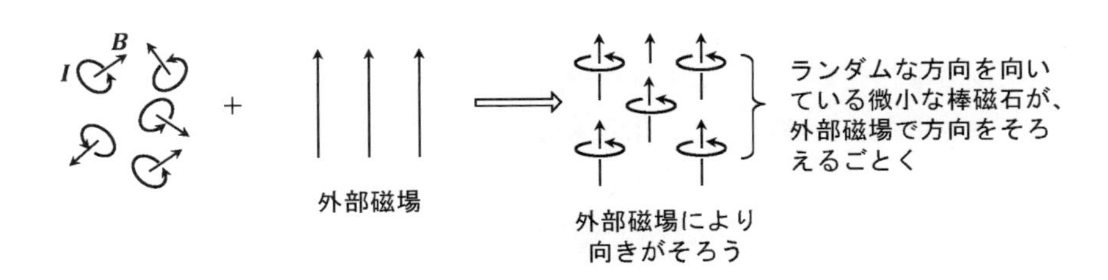

図 2.21　外部磁場による磁化

文献（22c）を基に、図 2.22 に示す柱状の強磁性体にソレノイドコイルを巻いた電磁石の場合を考えてみよう。同断面を考えると、コイルに流れる電流による磁場が外部磁場として作用し、断面に垂直方向に個々の原子に対する磁束密度が向きをそろえる。また個々の磁束密度の周りに円形電流が形成されている。隣接する円形電流同士は物体断面の内部では互いに方向が逆になることから打ち消し合い、物体の外周に沿った同じ方向のものだけが残る。これが磁化電流（magnetization current）である。コイルに流れる電流に磁化電流が加わって物体内の磁束密度が増えるとみることができる。強磁性体ではこれが顕著であり、常磁性体ではわずかである。

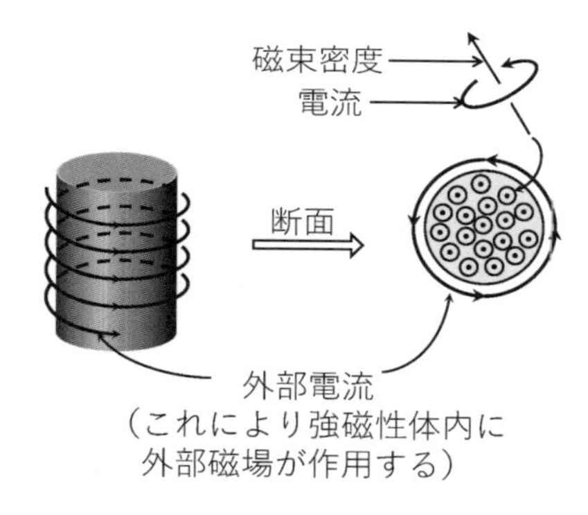

図 2.22　外部電流による磁化

空気中で外部磁場の方向に柱状の強磁性体を置いたときの外部磁場方向に垂直な物体端面を例として考えよう。まず外部磁場は物体内部で磁化により増強される。次に、端面に垂直な方向の物体中と空気中での磁束密度［$\boldsymbol{B} = \mu \boldsymbol{H}$、$\mu$ は物体中では μ、空気中では $\mu_0 (\ll \mu)$］の連続性より、物体内部に比べ隣接する空気中に極めて大きな $\boldsymbol{H}$ が生じる。これにより端面近傍の空気中に顕著な空間のゆがみが形成され、物体端面に電磁気的な応力が作用する。なおこれは常磁性体を考えた場合には外部磁場の増強が微弱なために顕著ではない。

上記において強磁性体、常磁性体という用語を用いたが、磁性体、非磁性体という用語が使われる場合もあることより、ここでこれらの用語について付記しておく。本稿では、磁性体と記せば強磁性体のことを指すものとする。なお強磁性体には、外部磁場の印加に起因してできあがった磁場 $\neq 0$ のときにはそれに比例した顕著な磁化が生じ、外部磁場 $=0$ にすれば磁化が消えるという誘導磁化を示す場合と、誘導磁化に加えて、外部磁場 $=0$ にしても磁化が残留するという永久磁化を示す場合（永久磁石）がある*3 。一方、強磁性体でない材料のことを非磁性体と呼ぶものとする。非磁性体には、誘導磁化のみあるが、磁化率が 1 に比べて非常に小さい常磁性体、また反磁性体が属する。

2.4.2 マクスウェルの応力

固体力学において、物体に外力が作用した状態で同物体が静止しているとき、物体内の微小部分には応力成分 τ_{ij} が作用し同部分は静止している。微小部分のこの状態を表したのが次の平衡方程式である [第 1 章の式（1.10）参照]。

$$\tau_{ij,j} + F_i = 0 \tag{2.66}$$

---

*3 文献（22d）を基に、真空の透磁率を μ_0 と記し、$\boldsymbol{B} - \boldsymbol{H}$ 関係を

$$\boldsymbol{B} = \mu_0 \boldsymbol{H} + \boldsymbol{M}$$

と記すとき、$\boldsymbol{M} (= \boldsymbol{M_I} + \boldsymbol{M_P})$ は磁化を表す。ここに $\boldsymbol{H}$ は外部磁場の印加により最終的にできあがった磁界の強さのことであり、外部磁場そのものに加えて磁化の効果も含む。$\boldsymbol{M_I} (= \mu_0 \chi^* \boldsymbol{H})$ は誘導磁化を表し、$\boldsymbol{M_P}$ は永久磁化を表す。なお χ^* は磁化率と呼ばれる。これより

$$\mu = \mu_0 (1 + \chi^*)$$

として

$$\boldsymbol{B} = \mu \boldsymbol{H} + \boldsymbol{M_P}$$

と表される。$\chi^* \gg 1$ のとき、この式が磁性体における $\boldsymbol{B} - \boldsymbol{H}$ 関係を表し、そのうち $\boldsymbol{M_P} \neq 0$ のときには永久磁石における関係を表す。なお $\boldsymbol{M_P} = 0$ で $\chi^* \ll 1$ のときには常磁性体に対する関係を表す。

ここに $(,j)$ は座標 x_j による偏微分を表す。F_i は体積力の x_i 方向の成分である。慣性力は体積力の代表的なものである。電磁力も体積力である。電磁力を $\boldsymbol{f}$ と表し、その x_i 方向の成分を f_i と表すことにする。式 (2.66) より体積力の成分が応力の座標による一階微分と同じ物理量であることを参考にして、f_i を

$$f_i = T_{ij,j} \tag{2.67}$$

と表し、T_{ij} を導入する。T_{ij} のことをマクスウェルの応力（Maxwell' s stress）と呼ぶ。式 (2.67) は応力を使って体積力である電磁力の成分を表現したものである。

なお式 (2.66) は応力 τ_{ij} と体積力 F_i が作用した状況で、物体内の微小部分が静止しており、それに働く合力が 0 となっている、すなわち釣り合っていることを表している。一方、式 (2.67) は釣り合いのことは考えておらず、応力 T_{ij} を用いて f_i を表現するという意味であることに注意を要する。

電磁力 $\boldsymbol{f}$ と電流密度 $\boldsymbol{J}$、磁束密度 $\boldsymbol{B}$（成分 B_i)、磁界の強さ $\boldsymbol{H}$（成分 H_i）の関係は、透磁率を μ と表し、$\boldsymbol{B} = \mu\boldsymbol{H}$ の関係を用いれば次式で与えられる（付録 2.4 参照)。

$$\boldsymbol{f} = \boldsymbol{J} \times \boldsymbol{B} = \mathrm{rot}\boldsymbol{H} \times \boldsymbol{B} = \mu(\mathrm{rot}\boldsymbol{H}) \times \boldsymbol{H} \tag{2.68}$$

式 (2.68) を変形して (2.67) と比較することによりマクスウェルの応力と磁束密度の関係式として次式が得られる [24a]。

$$\begin{bmatrix} T_{11} & T_{12} & T_{13} \\ T_{21} & T_{22} & T_{23} \\ T_{31} & T_{32} & T_{33} \end{bmatrix} =$$

$$\frac{1}{2\mu}\begin{bmatrix} B_1^2 - B_2^2 - B_3^2 & 2B_1B_2 & 2B_1B_3 \\ 2B_2B_1 & B_2^2 - B_3^2 - B_1^2 & 2B_2B_3 \\ 2B_3B_1 & 2B_3B_2 & B_3^2 - B_1^2 - B_2^2 \end{bmatrix} \tag{2.69}$$

式 (2.69) を (2.67) に代入し、div$\boldsymbol{B} = 0$ を考慮すれば、式 (2.68) が成り立つことがわかる。式 (2.69) より明らかなように T_{ij} は対称性を有する。磁界の有限要素解析等により式 (2.69) の右辺の値が得られれば、式 (2.69) より T_{ij} が求まることになる。

x_1 軸方向の磁界中に柱状の強磁性体が置かれるとき、$B_1 \neq 0$、$B_2 = B_3 = 0$ となることより、磁性体の x_1 軸に垂直な表面には式 (2.69) より $B_1H_1/2[= T_{11} = B_1^2/(2\mu_0)]$ なる引張応力が働く。x_1 軸に垂直な表面の外向き法線が x_1 軸の正方向を向く場合、負方向を向く場合のいずれにおいても引張応力が働く。一方、磁性体の x_1 軸に平行で x_2 軸に垂直な側面には、$T_{22} = -B_1^2/(2\mu_0)$ より、その外向き法線の方向によらず、$B_1H_1/2$ の圧縮応力が働く (24a)。なおここに磁性体表面に近接した空気中で応力を評価することを想定し、μ として真空の透磁率 μ_0 を使っている。

$B_2 = B_3 = 0$ なる上記で現れる $B_1H_1/2$ は、一般的な三次元の場合に $\boldsymbol{B}$、$\boldsymbol{H}$ を用いて表される空間に蓄えられる磁界のエネルギ密度（$\boldsymbol{B} \cdot \boldsymbol{H}/2$）(23b) に等しい。空間内の任意の点における磁界のエネルギ密度は、その場所における $\boldsymbol{H}$ が 0 から増加させられ現在の値の $\boldsymbol{H}$ になることによる空間のゆがみの形成過程で生成され、その場所に蓄えられているとみることができる。現在の $\boldsymbol{H}$ の値があること自体によるのではなく、ファラデーの電磁誘導の法則に関連し、時間変化としての上記増加の増分が要となる役割を担っているとみることができる（付録 2.5 参照）。このようにして生じるエネルギ密度は、磁界の方向に座標軸の方向を一致させたときにはその座標軸方向の引張応力に一致するというように、マクスウェルの応力につながり、物体に作用する電磁力の素になる。参考までに、付録 2.6 には磁石の異極同士の引き合い、同極同士の反発に関する説明を記す。

次に式による磁性体の面に働く力の求め方について考えてみる。磁性体の面 S に働く力の x_i 方向の成分 T_i^* は、S の面素 dS の外向き単位法線ベクトル $\boldsymbol{n}$ の方向余弦を λ_j と記せば、コーシーの公式より応力ベク

トルの x_i 方向成分が $T_{ij}\lambda_j$ と表されることより、

$$T_i^* = \iint_S T_{ij}\lambda_j dS \tag{2.70}$$

から求められる。式 (2.70) に (2.69) を代入し、さらに図 2.23 に示す角度 φ、θ を用いて λ_j を表せば、T_i^* は次のように記される [24a]。

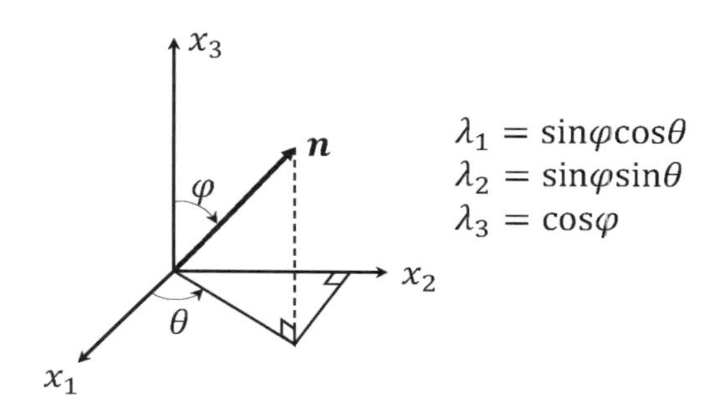

図 2.23　磁性体の面素 dS の外向き単位法線ベクトル $\boldsymbol{n}$ と座標系 (x_1, x_2, x_3)

$$\left.\begin{aligned}
T_1^* &= \iint_S \left(\frac{B_1^2 - B_2^2 - B_3^2}{2\mu} \cos\theta\sin\varphi + \frac{B_1 B_2}{\mu} \sin\theta\sin\varphi + \frac{B_1 B_3}{\mu} \cos\varphi \right) dS\,, \\
T_2^* &= \iint_S \left(\frac{B_2 B_1}{\mu} \cos\theta\sin\varphi + \frac{B_2^2 - B_3^2 - B_1^2}{2\mu} \sin\theta\sin\varphi + \frac{B_2 B_3}{\mu} \cos\varphi \right) dS\,, \\
T_3^* &= \iint_S \left(\frac{B_3 B_1}{\mu} \cos\theta\sin\varphi + \frac{B_3 B_2}{\mu} \sin\theta\sin\varphi + \frac{B_3^2 - B_1^2 - B_2^2}{2\mu} \cos\varphi \right) dS
\end{aligned}\right\} \tag{2.71}$$

式 (2.71) の適用の一例として、図 2.24 に示すように x_1 軸方向に長さ l を有する幅 w、厚さ 1 なる磁性体 abcd が、空気中で $x_1 - x_2$ 平面内にあり、(a) に示すように左側部分のみが x_2 軸方向の磁場 $B(= B_2)$ の中にあるときと、(b) 全体が $B(=B_2)$ の中にあるとき[*4]、の二つの場合について、磁性体に働く x_1 軸方向の合力を求めてみよう。

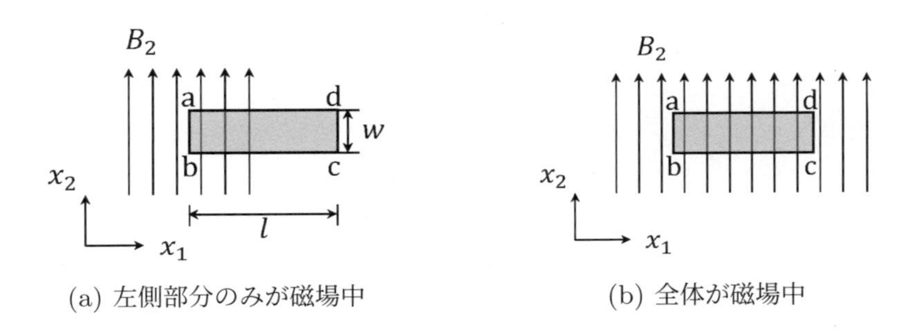

(a) 左側部分のみが磁場中　　(b) 全体が磁場中

図 2.24　磁場中にある磁性体

$B_1 = B_3 = 0$ であり、(a) の場合には $\overline{\mathrm{ab}}$ 上で $\varphi = \pi/2$、$\theta = \pi$ であることより、$T_1^* = B_2^2 w/(2\mu_0)$ となり、右向きの力が働く。また $\overline{\mathrm{ad}}$ 上で $\varphi = \pi/2$、$\theta = \pi/2$ より、$T_1^* = 0$、同様にして、$\overline{\mathrm{bc}}$ 上でも $T_1^* = 0$ となる。さらに x_3 軸に垂直な側面については、$\varphi = 0$、π であることより、$T_1^* = 0$ となる。これより x_1 軸方向の合力は、$B_2^2 w/(2\mu_0)$ となり、右向きに作用する。

一方、(b) の場合には、$\overline{\mathrm{cd}}$ 上で $\varphi = \pi/2$、$\theta = 0$ より、$T_1^* = -B_2^2 w/(2\mu_0)$ となり、左向きの力が働くことより、上記 (a) の結果と総合して、合力$=0$ となる。なお上記の結果は、B_2 の正負にはよらない。

ところで磁束密度が場所によらず変わらない状況では、式 (2.69) より

[*4] はじめに全体として一様な外部磁場を受ける場合を例として考えてみよう。このとき磁性体中で磁化が生じることにより、磁性体中で外部磁場が増強される。それに対し、$\overline{\mathrm{ab}}$、$\overline{\mathrm{cd}}$ に接する空気中では、磁性体中の磁化電流により外部磁場が弱められることになる。これを参考にすれば、図 2.24 (b) に示す上記空気中と磁性体中で同一の B_2 なる状況は、全体が一様な外部磁場によるのではなく、磁性体に対するよりもその左右両端に接する空気中で強い外部磁場を作用させ、結果として全体が同一の B_2 となる場合を想定していることになる。なお図 2.24 (a) の磁場についても同様である。

マクスウェルの応力も変わらない。磁束密度が場所によって変わると、マクスウェルの応力も変わることとなる。そうすると式 (2.67) により体積力としての電磁力が生じることになる。マクスウェルの応力による面に働く力が式 (2.71) で求められるのに対し、マクスウェルの応力の勾配は体積力としての電磁力を生み出す。磁場により表面力としての電磁力が作り出され、磁場勾配により体積力としての電磁力が作り出される。付録 2.7 には磁場勾配が作り出す電磁力の一例について記す。

2.4.3 電磁力の節点力法を用いた有限要素解析

文献（24b）を基に、節点力法（nodal force method）について概説する。仮想変位増分の成分を δu_i、一つの要素の節点 K における仮想変位増分の成分を $\delta u_{\mathrm{K}i}$、要素の補間関数を N_{K} で表し、δu_i を次式で表す。

$$\delta u_i = \sum_{\mathrm{K}} N_{\mathrm{K}} \delta u_{\mathrm{K}i} \tag{2.72}$$

ここに $\sum_{\mathrm{K}}$ は一つの要素内の全節点についての総和を表す。節点 K における節点力の成分を $f_{\mathrm{K}i}$ と表せば、一つの要素に対する外力仕事の増分 δW は

$$\delta W = \sum_{\mathrm{K}} f_{\mathrm{K}i} \delta u_{\mathrm{K}i} \tag{2.73}$$

なお式 (2.73) では i について総和規約を用いている。

次に体積 V なる一つの要素における T_{ij} による内部エネルギの増分 δE を表すと

$$\delta E = \int_V T_{ij} \delta e_{ij} dV \tag{2.74}$$

ここに δe_{ij} は仮想変位増分によるひずみ増分であり、

$$\delta e_{ij} = (\delta u_{i,j} + \delta u_{j,i})/2 \tag{2.75}$$

で与えられる。なお $(,j)$ は座標 x_j による偏微分を表す。

式 (2.75) に (2.72) を代入し、それを式 (2.74) に代入し、仮想仕事の

原理により式 (2.73) と等置すれば次式が得られる。

$$f_{\mathrm{K}i} = \int_V T_{ij} N_{\mathrm{K},j} dV \tag{2.76}$$

一次四面体要素を用いる場合を例に考えると、式 (2.76) に節点要素の N_{K} を x_i の線形関数として代入し、さらに T_{ij} が 2.4.2 項に記したように磁束密度で決まり、かつ一次四面体辺要素を用いる場合を想定すると、要素内で磁束密度が一定となることより、式 (2.76) の被積分関数を積分の外に出すことができる。これにより一つの要素についての $f_{\mathrm{K}i}$ の表示が得られる。

ところで上記において $f_{\mathrm{K}i}$ は対象としている要素（A と表す）の節点 K に対する外力の成分であり、説明の単純化のために K を共有する別の要素が一つだけ（B と表す）の場合を考えたときに、B が及ぼす力の x_i 方向成分を表している。したがって作用反作用を考え、K において要素 A が要素 B に及ぼす節点力の成分を $\tilde{F}_{\mathrm{K}i}$ と表すことにすれば、$\tilde{F}_{\mathrm{K}i} = -f_{\mathrm{K}i}$ となる。一般的に節点 K を含む要素は複数あり、そのうち次式の総和 $\sum_{V_{\mathrm{K}}}$ に含まれる要素が K に及ぼす節点力 $\tilde{F}_{\mathrm{K}i}$ は

$$\left.\begin{aligned}
\tilde{F}_{\mathrm{K}1} &= -\frac{1}{6}\sum_{V_{\mathrm{K}}}(T_{11}c_{\mathrm{K}} + T_{12}d_{\mathrm{K}} + T_{13}e_{\mathrm{K}}),\\
\tilde{F}_{\mathrm{K}2} &= -\frac{1}{6}\sum_{V_{\mathrm{K}}}(T_{21}c_{\mathrm{K}} + T_{22}d_{\mathrm{K}} + T_{23}e_{\mathrm{K}}),\\
\tilde{F}_{\mathrm{K}3} &= -\frac{1}{6}\sum_{V_{\mathrm{K}}}(T_{31}c_{\mathrm{K}} + T_{32}d_{\mathrm{K}} + T_{33}e_{\mathrm{K}}),
\end{aligned}\right\} \tag{2.77}$$

と表される。なお c_{K}、d_{K}、e_{K} は節点座標により定まる。

強磁性体が空気中にあり磁場の作用を受けているとき、強磁性体表面の一節点 K に作用する節点力は式 (2.77) により K を含む全要素を $\sum_{V_{\mathrm{K}}}$ に含めて計算することにより求められる。なお強磁性体の μ は μ_0 に比べて非常に大きな値をとるため、2.4.2 項より強磁性体内で T_{ij} はほぼ 0 となり、式 (2.77) への寄与は実質的に無視できる。これより式

(2.77) の $\sum_{V_K}$ は強磁性体の外の空気中に存在する K を含む要素の総和であり、それにより強磁性体に作用する節点力が求められることになる。

2.5 補遺

2.5.1 コイルの作る磁場

文献 (23c) を基に、コイルの作る磁場について概説する。磁束密度 $\boldsymbol{B}$ は

$$\mathrm{div}\boldsymbol{B} = 0 \tag{2.78}$$

を満足する。これより

$$\boldsymbol{B} = \mathrm{rot}\boldsymbol{A} \tag{2.79}$$

と表し、磁気ベクトルポテンシャル（magnetic vector potential）$\boldsymbol{A}$ を導入する。ここで任意の微分可能な関数 $\overline{\psi}$ を導入し、

$$\boldsymbol{A}' = \boldsymbol{A} + \mathrm{grad}\overline{\psi} \tag{2.80}$$

なる $\boldsymbol{A}'$ を考えると

$$\mathrm{rot}\boldsymbol{A}' = \mathrm{rot}\boldsymbol{A} + \mathrm{rot}(\mathrm{grad}\overline{\psi}) = \mathrm{rot}\boldsymbol{A} = \boldsymbol{B} \tag{2.81}$$

となり、$\boldsymbol{B}$ を表現するためなら、$\boldsymbol{A}$、$\boldsymbol{A}'$ のどちらでもよいことがわかる。ここで

$$\mathrm{div}\boldsymbol{A} = 0 \tag{2.82}$$

の条件を課して、式 (2.80) を用いて

$$\mathrm{div}\boldsymbol{A}' = \mathrm{div}(\mathrm{grad}\overline{\psi}) \neq 0 \tag{2.83}$$

のように $\overline{\psi}$ を選べば、$\boldsymbol{A}$ と $\boldsymbol{A}'$ は相違することになる。式 (2.82) で表される条件を $\boldsymbol{A}$ に課すことにより、$\boldsymbol{A}$ の自由さを減らし、一義的に定まるようにする。式 (2.82) を満足する $\boldsymbol{A}$ をクーロンゲージ（Coulomb gauge）における磁気ベクトルポテンシャルという。

なおベクトルポテンシャルの発散が 0 の場合と 0 でない場合の両者を比べてみると、発散 ＝ 0 と考えるやり方は、微小領域を考えたとき、これに入ってくるベクトルポテンシャルと出ていくベクトルポテンシャルが等しく、当該領域内でベクトルポテンシャルの吹き出しとか吸い込みがないと考えるということである。そうでない場合が、発散 ≠ 0 の場合である。ベクトルポテンシャルが、発散 ＝ 0 となる場合の振る舞いをすると考えることは、素直な考え方と受けとめられよう。

ここで代表的な例として一方向に定常電流が流れている導体の微小部分を考えれば、クーロンゲージを用いてアンペアの法則を変形することにより、$\boldsymbol{A}$ の向きが電流の向きに等しいことが示される。これを踏まえると、ビオ・サバールの法則が誘導でき、それを使えばコイルの作る磁場が以下のように求められる。

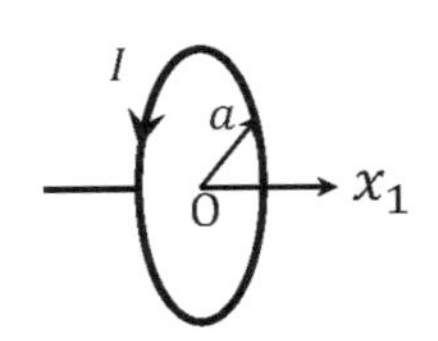

図 2.25　円形電流

図 2.25 に示す半径 a の円形定常電流 I による中心軸 x_1 上の x_1 方向の磁束密度は、図中の点 O を x_1 の原点とし、真空の透磁率を μ_0 として

$$B_1 = \frac{\mu_0 a^2 I}{2(a^2 + x_1^2)^{3/2}} \qquad (2.84)$$

となる。

次に、図 2.26 に示すように半径 a の二つの円形コイルが距離 a だけ離れて設置されたコイル対［ヘルムホルツコイル（Helmholtz coil）と呼ばれる］を考える。ヘルムホルツコイルは空間的に均一な磁場を発生させるものとして知られる。一つのコイルの巻き数を N として、式 (2.84) の I に NI を代入し、ヘルムホルツコイルの中点 O における磁

束密度に注目して $x_1 = a/2$ とし、コイルが二つあることより式 (2.84) の右辺を二倍すると

$$B_1 = \left(\frac{4}{5}\right)^{3/2} \frac{\mu_0 NI}{a} \tag{2.85}$$

が得られる。これがヘルムホルツコイルの中点 O における中心軸 x_1 方向の磁束密度を与える。なお中点 O は軸方向にも半径方向にも中心であることより、その近辺で磁束密度が均一となることは容易に理解できよう。

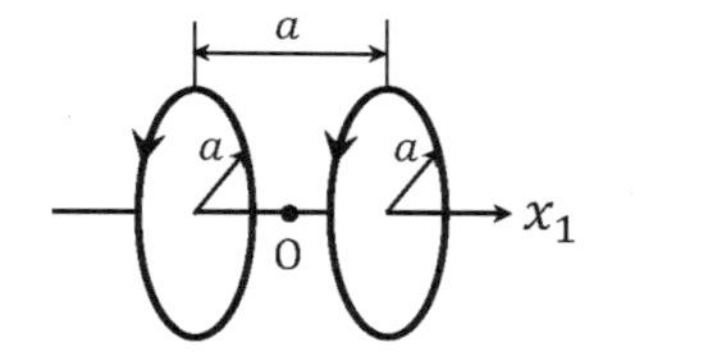

図 2.26　ヘルムホルツコイル

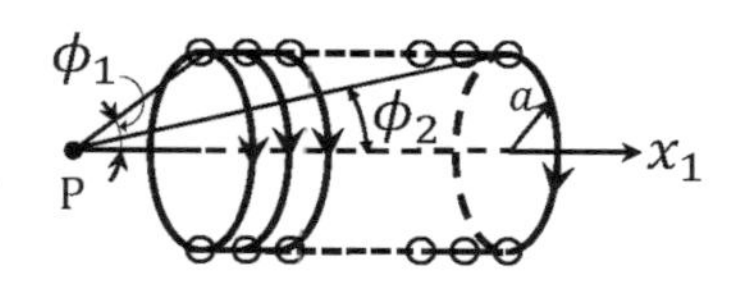

図 2.27　円形ソレノイドコイル

最後に、図 2.27 に示す有限な長さの半径 a の円形ソレノイドコイル (circular solenoid coil) の中心軸 x_1 上の点 P における x_1 方向の磁束密度は、ソレノイドの単位長さ当たりの巻き数を n として、

$$B_1 = \frac{\mu_0 nI}{2}(\cos\phi_2 - \cos\phi_1) \tag{2.86}$$

となる。ここで ϕ_1、ϕ_2 は図 2.27 に示す角度である。式 (2.86) において、$\phi_1 = \pi$、$\phi_2 = 0$ とすれば、無限長ソレノイドの中心軸方向の磁束密度が

$$B_1 = \mu_0 nI \tag{2.87}$$

と求まる。これは a によらない。なおソレノイド内部では磁束密度は場所によらず一定である。ソレノイド外部の磁束密度は 0 となる。

2.5.2 磁気双極子モーメント

2.4.1 項で扱ったような微小円形電流の作る磁束密度について考え、磁気双極子モーメント（magnetic dipole moment）について文献（25a）を基に概観する。なお磁気双極子モーメントは、磁気モーメントあるいは磁気能率とも呼ばれる。

図 2.25 の状況において微小円形電流を対象とし、$a \ll x_1$ の場合を考えると、式 (2.84) で与えられる B_1 は次のように変形できる。

$$B_1 = \frac{\mu_0 a^2 I}{2x_1^3\{(a/x_1)^2 + 1\}^{3/2}} \approx \frac{\mu_0 IS}{2\pi x_1^3} \tag{2.88}$$

ここに $S(= \pi a^2)$ は円形電流の流れる円周で囲まれる円の面積である。

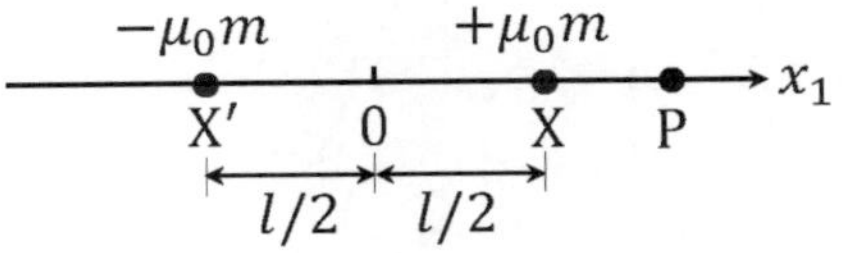

図 2.28　微小距離を隔てた正負一対の磁荷（$m > 0$）

上記に対し、図 2.28 に示すように $+\mu_0 m$、$-\mu_0 m$ なる磁荷を考え、これらが微小距離 l だけ離れた位置 X と X′（それぞれ $x_1 = l/2$ と $-l/2$）にあるとき、x_1 軸上の一点 P（$l/2 < x_1$）における B_1 を求めてみる。磁荷が存在する位置から点 P までの距離を r と表せば、$+\mu_0 m$ について $r = x_1 - l/2$、$-\mu_0 m$ について $r = x_1 + l/2$ であることより、B_1 は

$$B_1 = \frac{\mu_0 m}{4\pi(x_1 - l/2)^2} - \frac{\mu_0 m}{4\pi(x_1 + l/2)^2} = \frac{\mu_0 m}{2\pi}\frac{x_1 l}{(x_1^2 - l^2/4)^2} \tag{2.89}$$

なおここに考えている磁荷 $+\mu_0 m$、$-\mu_0 m$ は、式 (2.89) の中辺の第一項と第二項で表現した磁束密度を作るとしている。ここで式 (2.88) の誘

導と同様にして、式 (2.89) において $l \ll x_1$ の場合を考えると

$$B_1 \approx \frac{\mu_0 ml}{2\pi x_1^3} \tag{2.90}$$

式 (2.90) において ml は磁気双極子モーメントの大きさを表す。ここで式 (2.88) と (2.90) を比較すると、$IS = ml$ であり、これより IS は磁気双極子モーメントの大きさと呼べることがわかる。

2.5.3 電磁波

電磁波の基本に少しだけ触れておこう。電流も電荷も存在しない場合の真空中のマクスウェルの方程式より波動方程式が導かれ、それにより平面電磁波（electromagnetic plane wave）が図 2.29 に示すような挙動を示すことがわかる [23d]。ここに (x_1, x_2, x_3) は直角座標系、$\boldsymbol{E}$ は電界の強さ、$\boldsymbol{B}$ は磁束密度、$c(= 1/\sqrt{\mu_0 \varepsilon_0})$ は光速、ε_0 は真空の誘電率、μ_0 は真空の透磁率、t は時間である。図 2.29 において $\boldsymbol{E}$ と $\boldsymbol{B}$ は $x_1 - x_3$ 面内で直交しており（付録 2.8 参照）、t の経過と共にそれらの大きさを変化させながら一体となって x_2 軸に沿って横波として伝播する。

文献（26）では、電磁波の一種であるマイクロ波を用いた表面き裂の評価が報告されている。また文献（27）には、シリコンウェハの導電率のマイクロ波を用いた非接触計測が報告されている。

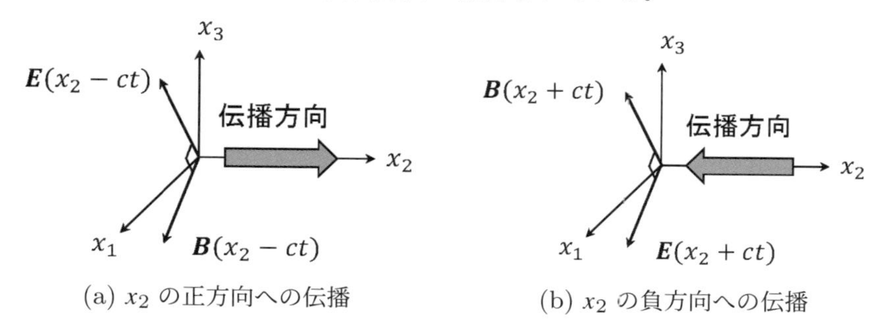

(a) x_2 の正方向への伝播　　(b) x_2 の負方向への伝播

図 2.29　平面電磁波の挙動

付録 2

付録 2.1 C_{ij} の対称性についての補足説明

文献（S1）を参考にすれば、$W = C_{ij}\phi_i\phi_j/2$ が存在し、$\partial W/\partial\phi_k = I_k$ の性質を持つならば、$C_{ij} = C_{ji}$ である。なお $I_k = C_{kj}\phi_j$ と表す。

具体的に

$$
\begin{aligned}
\frac{\partial W}{\partial\phi_k} &= \frac{\partial}{\partial\phi_k}\left(\frac{1}{2}C_{ij}\phi_i\phi_j\right) = \frac{1}{2}C_{ij}\phi_i\frac{\partial\phi_j}{\partial\phi_k} + \frac{1}{2}C_{ij}\frac{\partial\phi_i}{\partial\phi_k}\phi_j \\
&= \frac{1}{2}C_{ij}\phi_i\delta_{jk} + \frac{1}{2}C_{ij}\phi_j\delta_{ik} \\
&= \frac{1}{2}C_{ik}\phi_i + \frac{1}{2}C_{kj}\phi_j \\
&= \frac{1}{2}C_{jk}\phi_j + \frac{1}{2}C_{kj}\phi_j
\end{aligned}
\tag{S2.1}
$$

これが式 (2.1) より $I_k = C_{kj}\phi_j$ となるためには、$C_{jk} = C_{kj}$ が成り立たなければならない。なお δ_{jk} はクロネッカーのデルタ（Kronecker delta）である。[演習問題 2（2.7）参照]

付録 2.2 電気映像法の概略

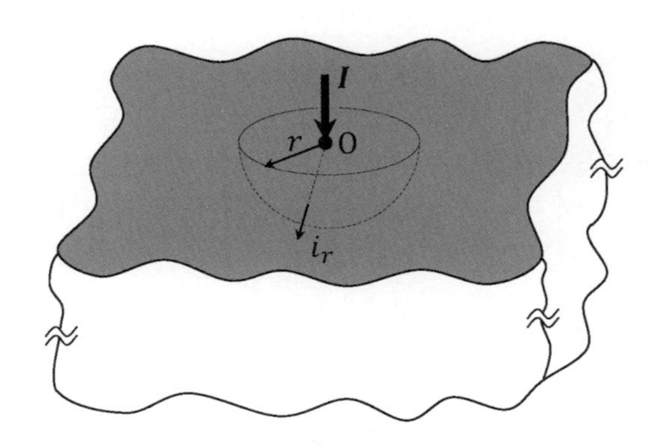

図 S2.1　半無限導体表面上の一点 O での電流の点入力

文献（2)、(3）を基に説明する。図 S2.1 のように電流 I を半無限導体表面上の一点 O で入力すると、点 O から距離 r にある導体内の位置で電流密度 i_r は

$$i_r = \frac{I}{2\pi r^2} \tag{S2.2}$$

式 (S2.2) の分母は半径 r の半球の表面積である。オームの法則より

$$-\frac{1}{\rho}\frac{d\phi}{dr} = \frac{I}{2\pi r^2} \tag{S2.3}$$

式 (S2.3) より

$$\phi = \int d\phi = -\int \frac{\rho I}{2\pi r^2}dr = \frac{\rho I}{2\pi r} + \phi_c \tag{S2.4}$$

ここに ϕ_c は積分定数である。$r = \infty$ で $\phi = 0$ とすれば、$\phi_c = 0$ となり、

$$\phi = \frac{\rho I}{2\pi r} \tag{S2.5}$$

なお $\phi = 0$ の位置については、2.2.2 項において記したように点入力と点出力が同時に存在する状況を対象としたとき、電位に関与せず、したがって電位差にも影響しない。

次に図 S2.2 のように無限導体中の一点 D で I が入力される場合には、図 S2.1 のような半無限体が点 D の上下にあることになるから、下の半無限体には $I/2$ の電流が点入力されることになる。これより点 D から r の位置における電位は、式 (S2.5) の I を $I/2$ に置き換えて

$$\phi = \frac{\rho I}{4\pi r} \tag{S2.6}$$

で与えられる。式 (S2.6) は図 S2.2 の点 D の上の半無限体に対しても同じである。なお図 S2.2 に示した上下の対称面上では、点 D を除いた位置で電流は面に沿って流れ、面に垂直方向の成分はない。式 (S2.5) 、(S2.6) は点入力に対する電位分布であり、点出力に対しては I を $-I$ に置き換えればよい。図 S2.3 に ξ 軸上において点 Q が入力点であり、点

R が出力点である場合の ϕ の分布を模式的に示す。点 Q では $\phi \to \infty$、点 R では $\phi \to -\infty$ となる。

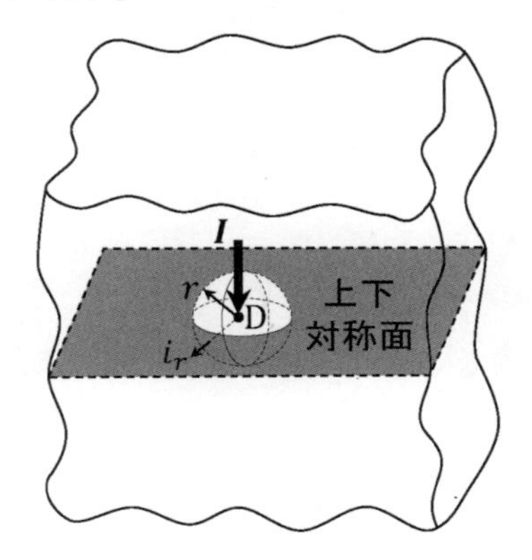

図 S2.2　無限導体中の一点 D での電流の点入力

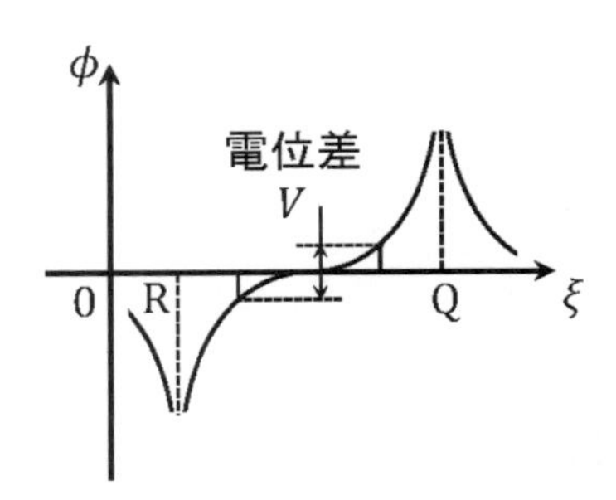

図 S2.3　二点 Q、R での電流の点入出力

次に図 S2.4(a) に示すように平面境界（$x_3 = 0$）を境に接する抵抗率 ρ_1、ρ_2 なる二つの媒質 1、2 を対象とし、媒質 1 内の点 C（$x_1 = 0, x_3 = -u$）で電流 I を入力する問題を考える。媒質 1、2 共に半無限体であり、媒質 1 内の電位を ϕ_1、媒質 2 内の電位を ϕ_2 で表すものとする。

図 S2.4(a) の問題を、図 S2.4(b) のように上下の媒質共に抵抗率を ρ_1 とした場合を基として以下のように解く。図 S2.5 に示すように二つの未知なる電流 I'、I'' をそれぞれ点 C$'$($x_1 = 0, x_3 = u$)、C$''$($x_1 = 0, x_3 = -u$) に導入し、これらが点 C の電流 I と相まって図 S2.4(a)

の $x_3 = 0$ における以下に示す二つの境界条件を満たすようにする。

$$\phi_1 = \phi_2 \quad \text{（電位の連続性}\quad \text{at} \quad x_3 = 0\text{)}, \tag{S2.7}$$

$$-\frac{1}{\rho_1}\frac{\partial \phi_1}{\partial x_3} = -\frac{1}{\rho_2}\frac{\partial \phi_2}{\partial x_3} \quad \text{（電流密度の連続性}\quad \text{at} \quad x_3 = 0\text{）} \tag{S2.8}$$

ρ_1、ρ_2 の大小関係にかかわらず、$x_3 = 0$ での境界条件が式 (S2.7)、(S2.8) の二つあるので、二つの未知量 I'、I'' を導入し、決定する。なお界面を介した情報を含むように、ϕ_1 については界面をまたぐように C' に、ϕ_2 についても界面をまたぐように C″ に未知量の電流を導入している。

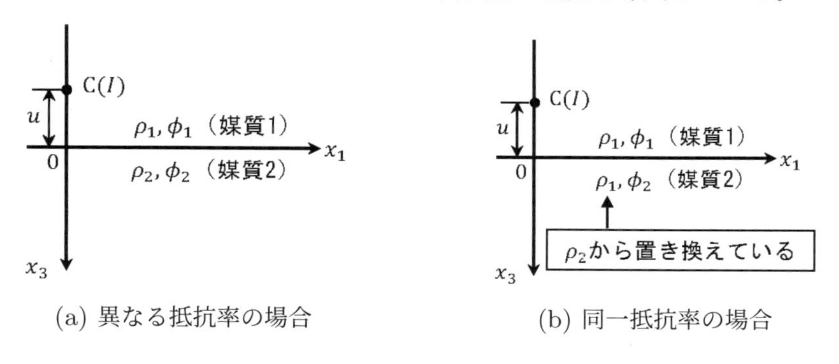

図 S2.4　点 C で電流 I が入力される二つの媒質

式 (S2.6) を図 S2.5 の点 C、C′、C″ に適用し、式 (S2.7)、(S2.8) を満足するようにすると、I'、I'' が

$$I' = I'' = kI \tag{S2.9}$$

のように求まる。なお k は本文中の式 (2.14) で与えられる。また以降において注目する媒質 1 について記すと、図 S2.5(a) に示した点 C′ から媒質 1 内の任意の点 P までの距離 r' を用いて ϕ_1 は次式で与えられる。

$$\phi_1 = \frac{\rho_1 I}{4\pi}\left(\frac{1}{r} + \frac{k}{r'}\right) \tag{S2.10}$$

式 (S2.10) において、右辺第一項は点 C に与えた I による媒質 1 の点 P における電位であり、右辺第二項は点 C′ に与えた I' による P の電位である。

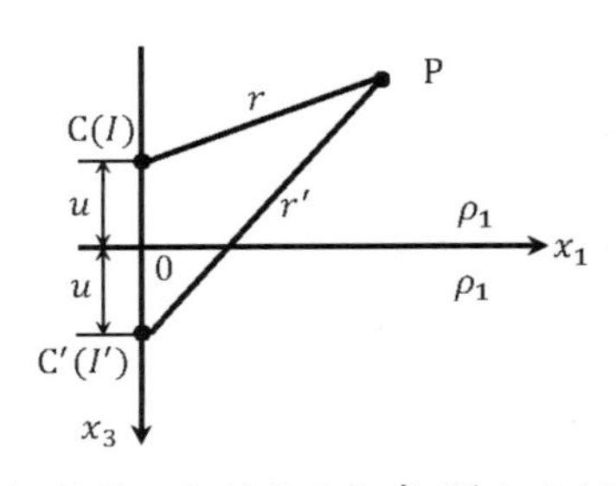

(a) 点 C における I と点 C′ における I' による ϕ_1 の評価

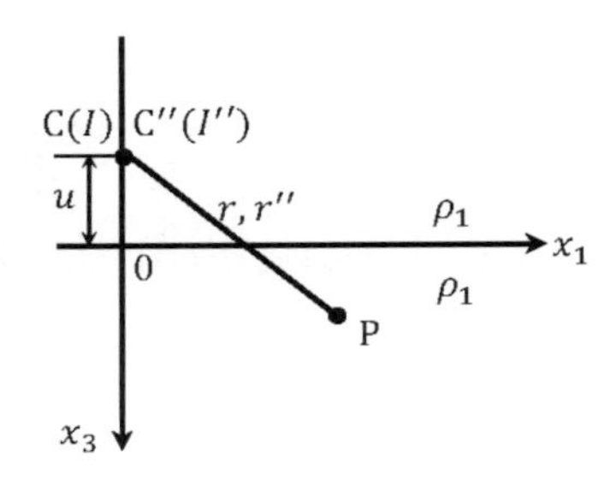

(b) 点 C における I と点 C″ における I'' による ϕ_2 の評価

図 S2.5　未知なる電流 I'、I'' の入力と各媒質内の電位の評価点 P

以上は、媒質 1、2 共に半無限体の場合について記したものであるが、次に図 S2.6(a) に示すように媒質 1 が半無限体ではなく、厚み d を有し、その上には抵抗率 $\rho_0 = \infty$ なる空気が存在し、媒質 1 の表面 B_1 上の点 C で電流 I が入力される場合を考える。この問題を図 S2.6(b) に示すように、媒質 1、2 共に半無限体であり、抵抗率を ρ_1 とし、B_1 上にある点 C_1 に電流 $2I$ が入力される場合を考えて解く。図 S2.6(b) の面 B_1 は上下の対称面となるため、点 C_1 を除いた位置で B_1 に垂直な電流成分はなく、図 S2.6(a) の B_1 の状況を正しく表現している。一方、図 S2.6(a) の境界面 B_2 の状況については、図 S2.6(b) は未だ表現できていない。これを表現するには図 S2.5(a) に対して行った操作と同じく、図 S2.6(c) の状況を考える必要がある。

図 S2.6(c) では、点 C_1 に $2I$ を置いているため、境界面 B_2 に対し点 C_1 と鏡像の位置にある点 D_1 に式 (S2.9) を考慮して $2kI$ を置く。そうすると次に、点 D_1 に置いた電流 $2kI$ によって面 B_1 の対称性は崩れる。

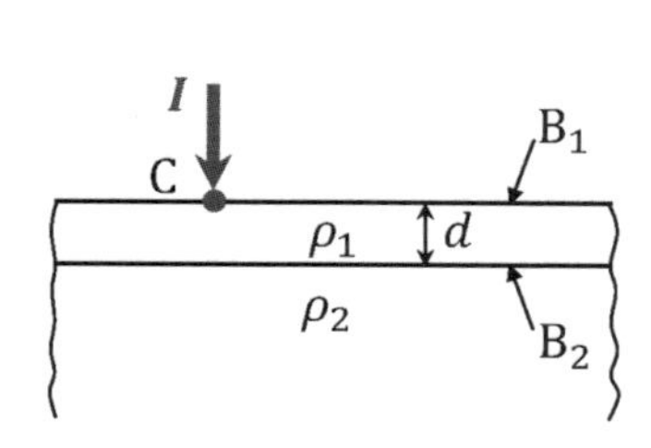

(a) 水平二層構造表面 B_1 上の電流の点入力

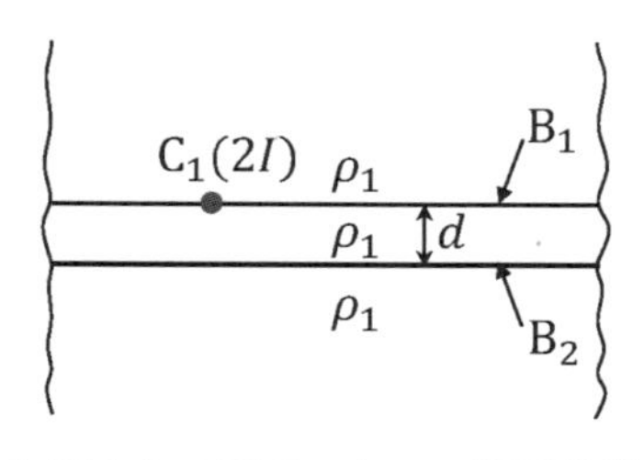

(b) 図 (a) の面 B_1 上での境界条件を満足させる無限導体中の B_1 上の点 C_1 での電流の点入力

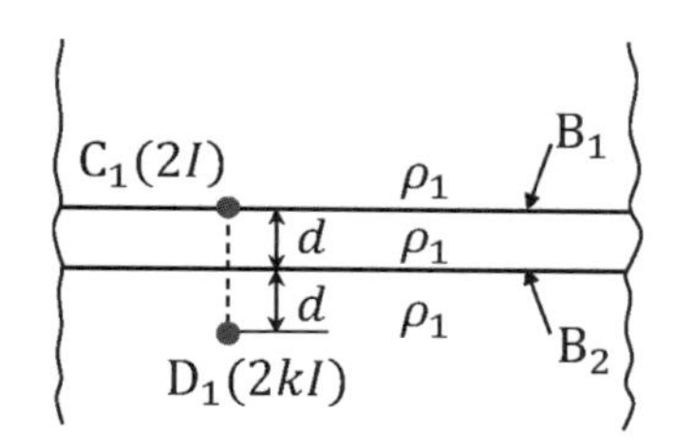

(c) 図 (a) の面 B_2 上での境界条件を満足させる点 C_1 の鏡像 D_1

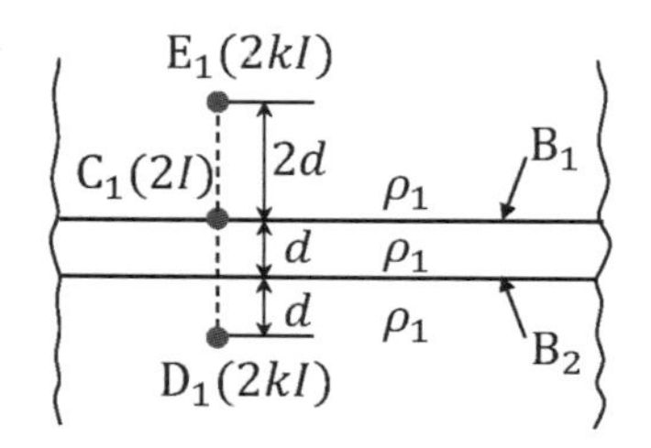

(d) 図 (a) の面 B_1 上での境界条件を満足させる点 D_1 の鏡像 E_1

図 S2.6　境界面を考慮した電流の点入力

そこで図 S2.7 に示すような上下の対称面上では電流の垂直成分がないことを考慮して、図 S2.6(d) に示すように、面 B_1 に対し点 D_1 と鏡像の位置にある点 E_1 に $2kI$ なる電流を与える。以降、この操作を面 B_1、B_2 上での境界条件を満足するように繰り返し、式 (S2.10) を踏まえて電位の表現を得る。これが電気映像法の骨格である。なお以上では電流の点入力について説明したが、点出力については以上の I を $-I$ に置き換えればよい。そして面 B_1 上の二点間で点入力と点出力が同時に行われる場合に対しては、電流が I の場合と $-I$ の場合について、上記を加え合わせることにより B_1 上の計測用二点間の電位差の表示を求めることができる。本文中の式 (2.13) はこのようにして得られたものであり、$n = 1 \sim \infty$ の総和は上記操作の繰り返しによるものである。

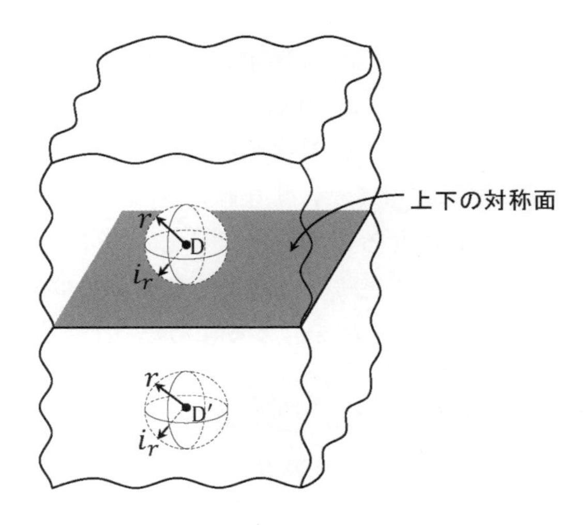

図 S2.7　無限導体中の二点 D、D′ に同一の大きさの電流が
点入力されるときの上下の対称面

付録 2.3 電界の強さ、磁界の強さ、磁束、透磁率、磁束密度についての一解釈

これらの用語について、次元の一例を付して説明する。はじめに単位電荷 [C] に働く力 [N] を電界の強さと呼び $\boldsymbol{E}$[N/C] と表す。これと同様に、単位磁荷 [Wb] に働く力を磁界の強さと呼び $\boldsymbol{H}$[N/Wb] と表す。なお電荷の場合と異なり、正の磁荷と負の磁荷は常に一対になっており、単独には存在しないが、これを単独に存在すると仮想的に考えることにする。

空間内の単位磁荷に $\boldsymbol{H}$ なる力が作用する状況を考える。$\boldsymbol{H}$ に沿って一本の線を考え、その線に垂直な断面上で上記とは別の単位磁荷を考え、それに作用する $\boldsymbol{H}$ に沿って一本の線を考える、というように複数の線を描くことができる。このようにしてできる複数の線の束のことを磁束という。単位磁荷を通る各線のことを磁束線という。

次に、各磁束線に沿った $\boldsymbol{H}$ として単位大きさの磁界の強さを考えたときに、断面の単位面積を突っ切る磁束線の本数、言い換えると単位面積当たりに考えられる単位磁荷の個数、と同数の磁荷のことを透磁率 $[(\mathrm{Wb/m^2})/(\mathrm{N/Wb})$、すなわち $\mathrm{Wb^2/(Nm^2)}]$ という。

さらに透磁率に $\boldsymbol{H}$ を掛けると、すなわち透磁率に現れる $[\mathrm{Wb/m^2}]$ に $\boldsymbol{H}[\mathrm{N/Wb}]/1[\mathrm{N/Wb}]$ なる倍率を掛けると、$\boldsymbol{H}$ に対する磁束密度 $\boldsymbol{B}[\mathrm{Wb/m^2}]$ になる。ここで透磁率において $\boldsymbol{H}$ として単位大きさの磁界の強さを考えるのと同じく、$\boldsymbol{B}$ を考えるにあたっても各磁束線に沿って単位大きさの磁界の強さを考えてみる。断面の単位面積当たりに注目し、透磁率に対する磁束線の本数に上記倍率を掛けた本数、言い換えると単位磁荷の個数、と同数の磁荷を $\boldsymbol{B}$ として表現する。なお磁束密度の次元に関し、$1[\mathrm{Wb/m^2}] = 1[\mathrm{T}] = 10^4[\mathrm{G}]$ である。

$\boldsymbol{B}$ が面積 $S[\mathrm{m^2}]$ に垂直で一様に分布しているとき、$\boldsymbol{B}$ の大きさ B に S を掛ければ、S を突っ切る磁束 $[\mathrm{Wb}]$ となる。

付録 2.4 フレミングの左手の法則と右手の法則の概観

フレミングの左手の法則（Fleming's left hand rule）は次式で表される。

$$\boldsymbol{f} = \boldsymbol{J} \times \boldsymbol{B} \tag{2.68}$$

左手の中指、人差し指、親指をそれぞれ直交させて、$\boldsymbol{J}$ を中指、$\boldsymbol{B}$ を人差し指の指す方向としたとき、$\boldsymbol{f}$ は親指の指す方向になる。本文中に記したようにマクスウェルの応力はフレミングの左手の法則を変形して出てきている。

ここで電荷密度を ρ_d、その速度を $\boldsymbol{v}$ と表し、$\boldsymbol{J} = \rho_d \boldsymbol{v}$ を式 (2.68) に代入して、電界の強さ $\boldsymbol{E}(= \boldsymbol{f}/\rho_d)$ を考えると

$$\boldsymbol{v} \times \boldsymbol{B} = \boldsymbol{E} \tag{S2.11}$$

が得られる。右手の親指、人差し指、中指をそれぞれ直交させて、$\boldsymbol{v}$ を親指、$\boldsymbol{B}$ を人差し指の指す方向としたとき、$\boldsymbol{E}$ は中指の指す方向になる。

式 (S2.11) はフレミングの右手の法則（Fleming' s right hand rule）を表す。ここに $\boldsymbol{B}$ が一定の場合に $\boldsymbol{v}$ により $\boldsymbol{E}$ がなぜ生じるかについては、$\boldsymbol{v}(=\boldsymbol{J}/\rho_d)$ の周りに rot$\boldsymbol{H}$ が形成され、それにより図 2.20 と同様に磁場が偏り、$\boldsymbol{E}(=\boldsymbol{f}/\rho_d)$ が生じると理解することができる。このように式 (2.68)、(S2.11) はいずれも磁場の偏りに起因している。式 (2.68) はモーターの原理を表し、式 (S2.11) は発電機の原理を表す。

なお式 (S2.11) はファラデーの電磁誘導の法則から導くこともできる [23e]。これより上記の式 (2.68) と (S2.11) の関係を通して、式 (2.68) も電磁誘導の法則につながっていることがわかる。後述する付録 2.5 には電磁誘導の法則との関連で、マクスウェルの応力につながる磁界のエネルギ密度の生成について説明する。

付録 2.5 磁界のエネルギの生成の概略

図 S2.8(a) に示すように電流回路の $d\boldsymbol{s}$ 方向に電流 $I=i$ が流れている状況を考える。Φ は磁束を表す。図 S2.8(b) に示すように i を di だけ増やすとファラデーの電磁誘導の法則によって $d\boldsymbol{s}$ と反対方向に電界の強さ $\boldsymbol{E}$ が生じる。

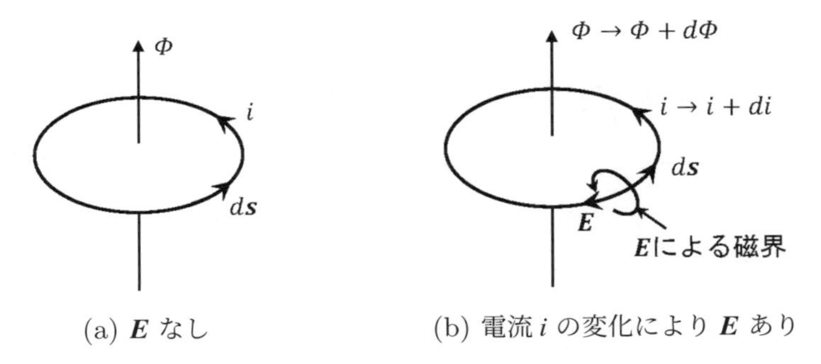

(a) $\boldsymbol{E}$ なし　(b) 電流 i の変化により $\boldsymbol{E}$ あり

図 S2.8　電流回路と電流

図 S2.9 に示すように一例として電流 I を時間 t に対し線形的に増やしていくことを考える。図中の点 P の状況を考えると、i による電荷の流れが存在し、その電荷に di により i とは逆向きの $\boldsymbol{E}$ が加わるとき、i による電荷の流れの状態を保つために、$\boldsymbol{E}$ に抗して単位電荷当たり $-\boldsymbol{E}$ なる力をその電荷に電流源が加える必要がある。これを繰り返して電流の値を増やしていく。回路には単位電荷当たり $-\boldsymbol{E}\cdot d\boldsymbol{s}$ を回路の全長にわたり積分した仕事がなされることになり、これがエネルギ保存則で回路にエネルギとして蓄えられることになる。磁界のエネルギ密度は以上の状況を式変形して導出される。

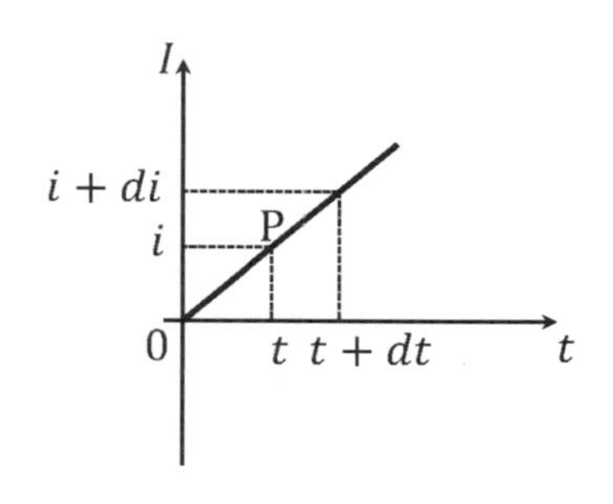

図 S2.9　電流増加動作

なお以上の状況は、弾性力学において線形弾性ばねを考えたとき、ばねが縮もうとする力（$\boldsymbol{E}$ に対応）に抗して、外力（$-\boldsymbol{E}$ に対応）を作用させることにより、ばねにひずみエネルギ（磁界のエネルギに対応）が蓄えられる状況に類似している。

付録 2.6 磁石の異極同士の引き合い、同極同士の反発

コイルに定常電流が流れる二つの電磁石 1、2 が空気中で図 S2.10 に示すように x_1 軸に沿った同一線上に配置され、同方向に並んでいる状況を考えよう。電磁石 2 に注目したとき、左端 A_1 部では電磁石 1 による x_1 方向の磁場と、電磁石 2 による x_1 方向の磁場が重なり、x_1 方向の磁場は強くなる。そして $B_1H_1/2$ により大きい応力が左向きに働く。右端 A_2 部では、電磁石 1 による x_1 方向の磁場は距離が遠くなるために小さくなっており、電磁石 2 による x_1 方向の磁場が支配的で、$B_1H_1/2$ により小さめの応力が右向きに働く。結局、電磁石 2 は左向きの合力の作用を受けることになり、電磁石 1 に引き寄せられる。

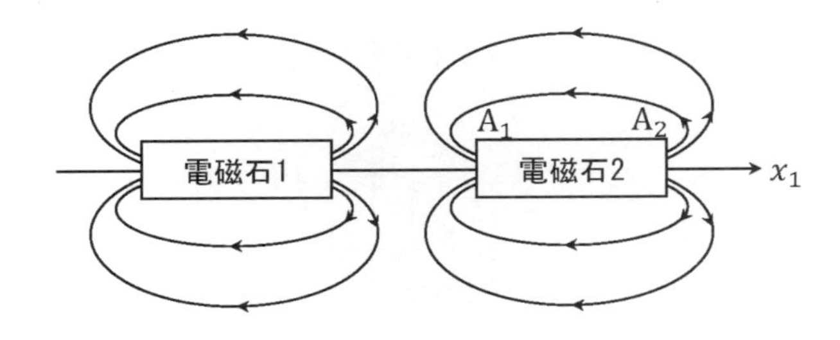

図 S2.10　同一線上で同方向に並んだ二つの電磁石

上記に対し、電磁石 1 は図 S2.10 と同じに置かれ、電磁石 2 が左右を逆にして置かれる場合には、図 S2.10 の電磁石 2 に示した磁場の矢印が逆方向になり、電磁石 2 の左端で電磁石 1 による x_1 方向の磁場と電磁石 2 による x_1 方向の磁場は逆方向となるため、x_1 方向の磁場は弱くなる。そして $B_1H_1/2$ により小さめの応力が左向きに働く。一方、電磁石 2 の右端では、電磁石 1 による x_1 方向の磁場は小さくなっており、電磁石 2 による x_1 方向の磁場が支配的で、$B_1H_1/2$ により大きい応力が右向きに働く。これにより、電磁石 2 は右向きの合力の作用を受けることになり、電磁石 1 から遠ざかる方向に動く。

なお体積力としての電磁力も以上と同様にして作用する。

最後に、上記を基にして磁石に磁性体が引き寄せられる現象について付記しておく。電磁石 1 は上記のままで、電磁石 2 を均一な横断面を有する真直棒状の磁性体に置き換えた場合を考えてみよう。そのとき電磁石 1 による外部磁場の中に磁性体が置かれる状況になる。そのため磁性体は磁化し、結局、電磁石 2 を図 S2.10 のように置いた場合と類似の状況が形成され、磁性体は電磁石 1 に引き寄せられることになる。

付録 2.7 磁場勾配が作り出す電磁力の一例

図 S2.11 に示すように幅 w、厚さ 1 なる x_1 軸方向の柱状物体（透磁率 μ）が、$x_1 = x_1$ と微小距離 Δx_1 だけ離れた位置 $x_1 + \Delta x_1$ の前後で磁場勾配の作用下にあるとき、当該微小部分に働く電磁力を求めてみよう。

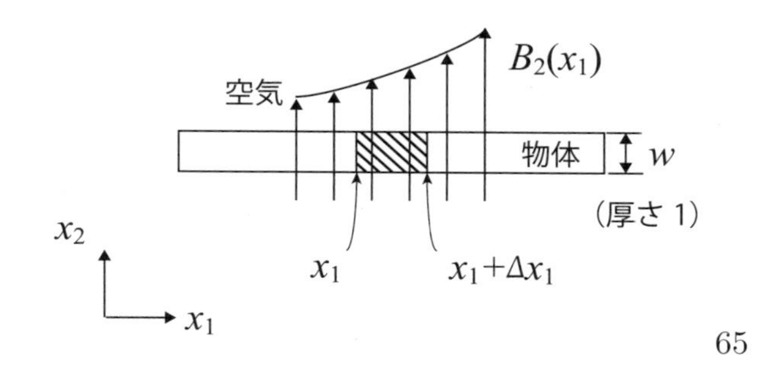

図 S2.11　磁場勾配が作用する物体中の微小部分の一例
（磁束密度 B_2 が座標 x_1 の関数）

$x_1 = x_1$ の断面には 2.4.2 項より $B_2^2(x_1)w/(2\mu)$ なる右向きの力が作用し、位置 $x_1 + \Delta x_1$ の断面には $B_2^2(x_1 + \Delta x_1)w/(2\mu)$ なる左向きの力が作用する。結局、斜線を施した微小部分には、これらの差を単位体積当たりで表した $B_2\times$ $(\partial B_2/\partial x_1)/\mu$ なる体積力が左向きに働くことになる。なお $\partial B_2/\partial x_1 = 0$ の場合には、図 S2.11 に示す斜線部分に対し、磁性体、非磁性体のいずれの場合にも体積力=0 となる。［演習問題 2 (2.8) 参照］

付録 2.8 平面電磁波の伝播方向に垂直な面上で $\boldsymbol{E}$ と $\boldsymbol{B}$ が直交することの説明

2.5.3 項に記した記号を用いる。電流も電荷も存在しない場合の真空中のマクスウェルの方程式より

$$\mathrm{rot}\boldsymbol{B} = \mu_0\varepsilon_0\frac{\partial \boldsymbol{E}}{\partial t} \tag{S2.12}$$

ここで $\varepsilon_0\partial \boldsymbol{E}/\partial t$ は変位電流（displacement current）密度である。ファラデーの電磁誘導の法則［式 (2.65)］が $\partial \boldsymbol{B}/\partial t$ と $\mathrm{rot}\boldsymbol{E}$ の関係を

表すのに対し、式 (S2.12) は $\partial \boldsymbol{E}/\partial t$ と rot$\boldsymbol{B}$ の関係を表している。両式を根拠として、$\boldsymbol{E}$ と $\boldsymbol{B}$ は波動方程式を満足する。一例として $\boldsymbol{E} = \boldsymbol{E}(x_2 - ct)$、$\boldsymbol{B} = \boldsymbol{B}(x_2 - ct)$ なる場合を考えると、$\boldsymbol{E}$ が x_1、x_3 の関数でないことより、$\partial E_1/\partial x_1 = \partial E_3/\partial x_3 = 0$ であり、div$\boldsymbol{E} = 0$ より $\partial E_2/\partial x_2 = 0$ となる。これより $E_2 = 0$ とおく。同様にして div$\boldsymbol{B} = 0$ より $B_2 = 0$ とおく。これを踏まえれば式 (S2.12) より

$$\frac{\partial B_3}{\partial x_2} = \frac{1}{c^2}\frac{\partial E_1}{\partial t}\,, \tag{S2.13}$$

$$\frac{\partial B_1}{\partial x_2} = -\frac{1}{c^2}\frac{\partial E_3}{\partial t} \tag{S2.14}$$

ここで

$$\begin{aligned}\frac{\partial E_1}{\partial t} &= \frac{\partial\ E_1(x_2 - ct)}{\partial(x_2 - ct)}\frac{\partial(x_2 - ct)}{\partial t} = -c\frac{\partial E_1(x_2 - ct)}{\partial(x_2 - ct)} \\ &= -c\frac{\partial\ E_1(x_2 - ct)}{\partial(x_2 - ct)}\frac{\partial(x_2 - ct)}{\partial x_2} = -c\frac{\partial E_1}{\partial x_2}\end{aligned} \tag{S2.15}$$

同様にして

$$\frac{\partial E_3}{\partial t} = -c\frac{\partial E_3}{\partial x_2} \tag{S2.16}$$

式 (S2.15) を (S2.13) に代入し、式 (S2.16) を (S2.14) に代入すれば

$$\frac{\partial B_3}{\partial x_2} = -\frac{1}{c}\frac{\partial E_1}{\partial x_2}\,, \tag{S2.17}$$

$$\frac{\partial B_1}{\partial x_2} = \frac{1}{c}\frac{\partial E_3}{\partial x_2} \tag{S2.18}$$

式 (S2.17)、(S2.18) より

$$B_3 = -\frac{1}{c}E_1, \quad B_1 = \frac{1}{c}E_3 \tag{S2.19}$$

これより $|\boldsymbol{E}| = c|\boldsymbol{B}|$ であり、また

$$\boldsymbol{E} \cdot \boldsymbol{B} = E_1 B_1 + E_3 B_3 = E_1 B_1 + cB_1 \times \left(-\frac{1}{c}E_1\right) = 0 \qquad \text{(S2.20)}$$

となり、式 (S2.19) 右辺の符号を考慮すれば、$\boldsymbol{E}$ と $\boldsymbol{B}$ は $x_1 - x_3$ 面内で図 2.29(a) に示すように直交することがわかる。

演習問題 2

(2.1) 板厚 d、透磁率 μ なる薄板に $2s_1$ だけ離れた二点間で磁束 Φ を点入出力し、入出力点間の中点の近接直上の空気中で入出力点を結んだ方向の磁束密度 B_0 を計測するとき、式 (2.20) の導出と同様にして B_0 と μ の関係式を求めよ。

(2.2) 導体に直流電流が入出力され、入出力位置以外の境界は電気的に絶縁で、かつ断熱の状況下にある場合を考える。温度を絶対温度で表し、電流入出力位置の温度が T_1 で同一のとき、ヴィーデマン・フランツ則を仮定して、導体内の最高温度 T_{m} を入出力位置間の電位差 V を用いて表せ。

(2.3) 図 Q2.1 に示す外部印加磁場のない空気中に置かれた永久磁石回路 [(23f)] を考える。このとき磁石内で磁界の強さが磁化 $\boldsymbol{M_P}$ と反対方向になることを示せ。

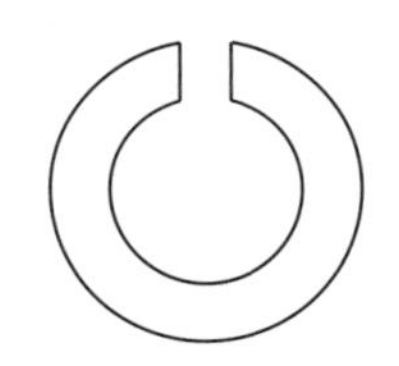

図 Q2.1　永久磁石回路

(2.4) 直角座標系 (x_1, x_2, x_3) を導入し、空気中で x_1 方向に一様な磁束密度 $\boldsymbol{B}$ が存在する場合において、x_3 軸に沿った導線がある状況を考える。導線が静止しているときと、x_2 軸に沿って速度 $\boldsymbol{v}$ で動いているときの磁場の違いについて考察せよ。

(2.5) 磁性体が空気中に存在し、一様な外部磁場の作用を受けるとき、磁性体の近くでは空気中に比べて磁性体中において磁束密度が高くなる。この現象を静磁界線形問題として扱い、直流電流問題と対比せよ。

(2.6) 図 Q2.2 に示すように内部で磁束密度 = 0 となる物体[*5]を磁石

[*5] 磁束密度 = 0 となる物体としてはマイスナー効果（Meissner effect）を示している超伝導体 (superconductor) が該当する。超伝導体の特徴に少し触れておくと、この他のよく知られる磁気的特性の一つにピン止め効果（pinning effect）がある。〈次ページの欄外に続く〉

に近づけた場合に、物体に作用する電磁力について考察せよ。

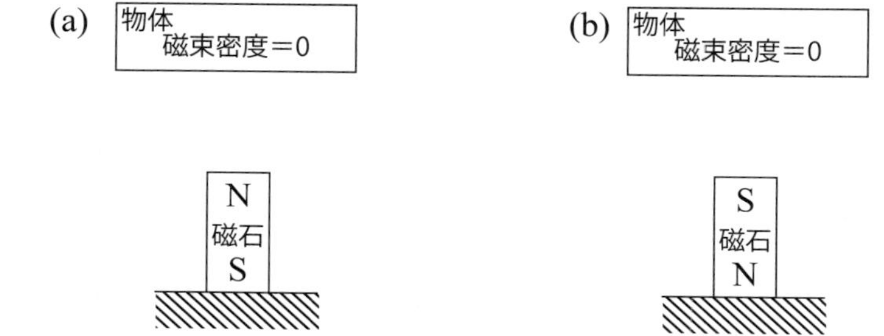

図 Q2.2　磁石に近づけた磁束密度=0 となる物体
(a) N 極が上、(b) S 極が上

(2.7)

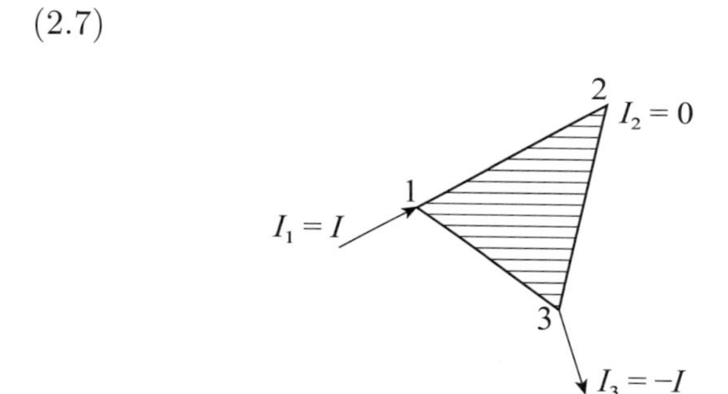

図 Q2.3　導電体からなる一つの平面三角形要素

これは第二種超伝導体において、外部磁場が下部臨界と上部臨界の間にあるとき、ところどころ磁束が材料内を通り抜け、通り抜けた磁束が超伝導体内で横に動こうとすると、そこは磁束密度＝ 0 の領域であるために入ることはできず、結局、横方向に動けない、すなわちピン止め状態になるという現象である。ピン止めされた磁束はピアノ線のように作用して超伝導体の横方向の動きを拘束することになる。一方、超伝導体の電気的特性としては、電気抵抗＝ 0 となることがよく知られている。なお通電下において、摩擦熱、ひずみ等の何らかの原因により電気抵抗が局部的に 0 でなくなると、大きな発熱を生じ溶断を引き起こす可能性がある。このような現象はクエンチ (quench) と呼ばれ、注意を要する。

図 Q2.3 に示すように導電体からなる一個の平面三角形要素 123 を対象とし、節点 1 で外部から電流が入力され（$I_1 = I$)、節点 3 で外部に電流が出力される（$I_3 = -I$）状況を考える。節点 2 には外部からの電流入出力はないものとする。節点 1、2、3 の電位をそれぞれ ϕ_1、ϕ_2、ϕ_3 と表し、付録 2.1 が成り立つことを示せ。

（2.8）高さ h、幅 w なる均一な長方形横断面を有する長さ L、透磁率 μ の真直角棒の磁性体を考える。図 Q2.4 に示すように直角座標系（x_1, x_2）を導入し、棒中で x_2 方向に磁束密度 $B_2(x_1)$ が存在するとき、棒に作用する左向きの電磁力を求めよ。

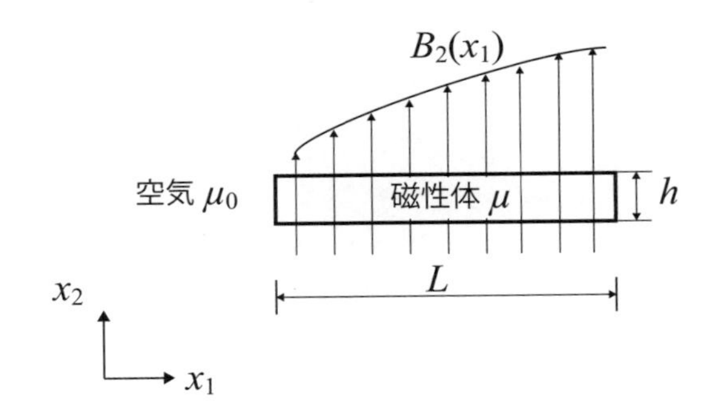

図 Q2.4　磁場 $B_2(x_1)$ の作用下にある磁性体真直角棒
（$B_2(x_1)$ は棒中の磁場を表し、
棒の両端面に接する空気中にも磁場は存在する。）

（2.9）静電場におけるマクスウェルの応力の表示について調査し、式（2.69）と比較せよ。

参考文献

(1) 加川　幸雄、電気・電子のための有限要素法入門、オーム社、(1977)、p. 6.

(2) W. M. Telford, L. P. Geldart, R. E. Sheriff and D. A. Keys, Applied geophysics, Cambridge University Press, (1976), pp. 643–647.

(3) 佐々　宏一、芦田　讓、菅野　強、建設・防災技術者のための物理探査、(1993)、森北出版、pp.148–153.

(4) M. R. Ali, M. Saka and H. Tohmyoh, Checking surface contamination and determination of electrical resistivity of oxide scale deposited on low carbon steel by DC potential drop method, Mater. Trans., 51 (8), (2010), pp. 1414–1419.

(5) 坂　真澄、岩田　成弘、児島　隆治、広範囲の寸法の表面き裂の直流電位差法評価（1)、機械の研究、74 (4)、 (2022)、pp. 252–255.

(6) 坂　真澄、岩田　成弘、児島　隆治、広範囲の寸法の表面き裂の直流電位差法評価（2)、機械の研究、 74 (5)、 (2022)、pp. 337–341.

(7) 関口　謙一郎、坂　真澄、阿部　博之、外部磁束密度計測による強磁性鋼の応力 – 透磁率関係の定量評価、日本機械学会論文集（A 編)、60(575)、(1994)、pp.1617–1623.

(8) M. Saka and X. Zhao, Analysis of the temperature field near a corner composed of dissimilar metals subjected to a current flow, Inter. J. Heat and Mass Transfer, 55 (21–22), (2012), pp. 6090–6096.

(9) 劉　浩、坂　真澄、阿部　博之、古村　一朗、坂本　博司、き裂干渉の解析式による多重き裂の非破壊簡易評価、非破壊検査、44 (11)、(1995)、pp. 875–881.

(10) H. Liu, M. Saka, H. Abé, I. Komura and H. Sakamoto, Analysis of interaction of multiple cracks in a direct current field and nondestructive evaluation, Trans. ASME, J. Appl. Mech., 66 (2), (1999), pp. 468–475.

(11) 坂　真澄、佐藤　育子、直流磁場を用いた三次元多重き裂の簡易非破壊評価、日本機械学会論文集（A 編)、64 (617)、(1998)、pp. 14–21.

(12) J. A. Greenwood and J. B. P. Williamson, Electrical conduction in solids II. Theory of temperature-dependent conductors, Proc. Roy.

Soc. Lond. A, 246 (1244), (1958), pp. 13–31.
(13) F. Kohlrausch, Über den stationären Temperaturzustand eines elektrisch geheizten Leiters, Ann. Phys., 306(1), (1900), pp. 132–158.
(14) H. Diesselhorst, Über das Problem eines elektrisch erwärmten Leiters, Ann. Phys., 306(2), (1900), pp. 312–325.
(15) T. Sasaki, Y. Li and M. Saka, Characterization of the electrical and thermal properties of a metallic thin-film line, Microsyst. Technol., 24 (9), (2018), pp. 3907–3913.
(16) H. S. Carslaw and J. C. Jaeger, Conduction of heat in solids, Oxford science publications, Clarendon Press, (1959), 2nd. ed., p. 154.
(17) Y. Li, K. Tsuchiya, H. Tohmyoh and M. Saka, Numerical analysis of the electrical failure of a metallic nanowire mesh due to Joule heating, Nanoscale Res. Lett., 8 (370), (2013), 9 pages.
(18) H. Tohmyoh and S. Fukui, Self-completed Joule heat welding of ultrathin Pt wires, Phys. Rev. B, 80 (15), (2009), 155403 (7 pages).
(19) M. Saka, Y. Kimura and X. Zhao, Theoretical consideration of electromigration damage around a right-angled corner in a passivated line composed of dissimilar metals, Microsyst. Technol., 23 (10), (2017), pp. 4523–4530.
(20) Y. Kimura and M. Saka, Prediction of electromigration critical current density in passivated arbitrary-configuration interconnect, Trans. ASME, J. Electronic Packaging, 141, (2019), 021008-1-021008-7.
(21) M. Saka and K. Sasagawa, Fabrication of micro and nano metallic materials, Metallic micro and nano materials — fabrication with atomic diffusion — (M. Saka, ed.), Springer, (2011), pp. 53–92.
(22) 砂川　重信、理論電磁気学　第２版、紀伊國屋書店、(1973)、a. pp. 176–181; b. p.61; c. p. 65; d. pp. 148–151.
(23) 安達　三郎、電磁気学、昭晃堂、(1989)、a. p. 89; b. pp. 98–99、pp. 117–118; c. pp. 73–81; d. pp. 102–107; e. pp. 92–94; f. pp. 146–148.
(24) 高橋　則雄、三次元有限要素法 — 磁界解析技術の基礎 — 、電気学会、(2006)、a. pp. 141–144; b. pp. 150–152.
(25) 鹿児島　誠一、パリティ物理学コース　電磁気学、丸善、(1997)、a. pp. 61–64; b. pp. 134–136.
(26) Y. Ju, M. Saka and Y. Uchimura, Evaluation of the shape and size

of 3D cracks using microwaves, NDT& E Int., 38 (8), (2005), pp. 726–731.

(27) Y. Ju, Y. Hirosawa, H. Soyama and M. Saka, Contactless measurement of electrical conductivity of Si wafers independent of wafer thickness, Appl. Phys. Lett., 87 (16), (2005), 162102-1-162102-3.

(S1) 大橋　義夫、村上　澄男、神谷　紀生　共訳、Y. C.　ファン　著、固体の力学/理論、培風館、(1970)、p. 127.

第3章　数学の基礎

3.1 はじめに

数学のうち力学解析でよく使われる項目について、その基礎を記す。ここに表す内容は限られたものであるが、前章までの理解に、そしてこれまでに引用した参考文献を解読するに際して助けになるであろう。

3.2 微分と積分

3.2.1 微分と偏微分

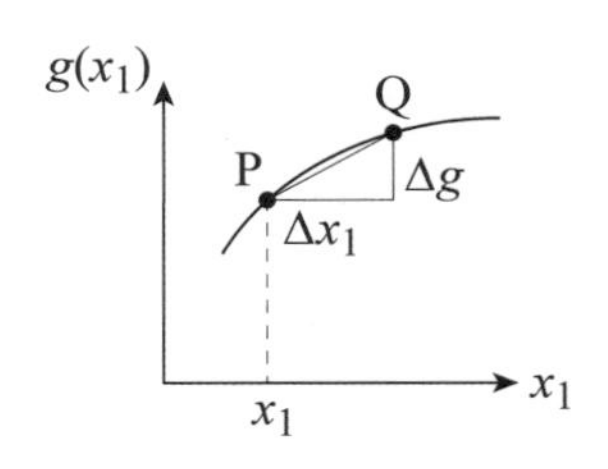

図 3.1　関数 $g(x_1)$ の勾配

図 3.1 に示すように x_1 の関数 $g(x_1)$ を考える。点 P から x_1 が微小量 Δx_1 だけ変化すると、点 Q で g は点 P から微小量 $\Delta g[= g(x_1+\Delta x_1)-g(x_1)]$ だけ変化する。$\Delta x_1 \to 0$ とすれば、$\overline{\mathrm{PQ}}$ は $x_1 = x_1$ で $g(x_1)$ に接する。

$$\lim_{\Delta x_1 \to 0} \frac{\Delta g}{\Delta x_1} \equiv \frac{dg}{dx_1} \tag{3.1}$$

と表し、$x_1 = x_1$ における $g(x_1)$ の勾配 dg/dx_1 を g の導関数という。導関数を求めることを微分（differential）するという。dg/dx_1 は $g'(x_1)$ とも表される。

h が x_1 と x_2 の関数であるときには

$$\lim_{\Delta x_1 \to 0} \frac{h(x_1 + \Delta x_1, x_2) - h(x_1, x_2)}{\Delta x_1} \equiv \frac{\partial h}{\partial x_1} \tag{3.2}$$

と表し、勾配 $\partial h/\partial x_1$ を h の x_1 に関する偏導関数といい、偏導関数を求めることを偏微分（partial differentiation）するという。$\partial h/\partial x_1$ は $h_{,1}$ とも表される。

3.2.2 不定積分と定積分

関数 $F(x_1)$ が $F'(x_1) = f(x_1)$ を満たすとき、$F(x_1)$ を $f(x_1)$ の原始関数といい

$$F(x_1) = \int f(x_1) dx_1 \tag{3.3}$$

で表す。なお $f(x_1)$ の原始関数としては、$F(x_1)$ に任意の定数を加えた関数が該当する。$f(x_1)$ の原始関数を求めることを $f(x_1)$ を積分するといい、$f(x_1)$ を被積分関数という。原始関数は不定積分あるいは積分（integral）とも呼ばれる。

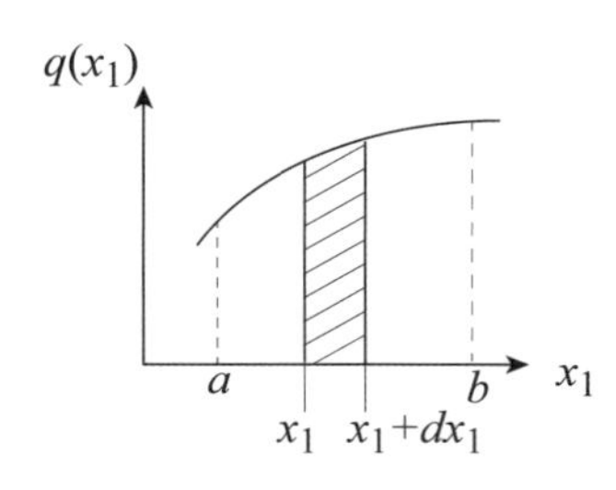

図 3.2　関数 $q(x_1)$ が区間 $[a, b]$ 間で作る面積

図 3.2 に示すように $q(x_1)$ を考え、区間 $[a, b]$ で $q(x_1)$ が有限値をとるとき、区間内で q と x_1 軸に挟まれた面積 S は

$$S \equiv \int_a^b q(x_1) dx_1 \tag{3.4}$$

と表される。S は $q(x_1)$ の a から b までの定積分あるいは積分と呼

ばれる。式 (3.4) は次のように変形できる。

$$S = \int_0^b q(x_1)dx_1 - \int_0^a q(x_1)dx_1 \tag{3.5}$$

式 (3.5) の右辺は、区間 $[0, b]$ に対する面積から区間 $[0, a]$ に対する面積を差し引くことを表す。

例として $q(x_1) = \cos x_1$ で $a = 0$、$b = x_1$ の場合には

$$\int_0^{x_1} \cos x_1 dx_1 = \sin x_1 \tag{3.6}$$

となり、$\sin x_1$ が式 (3.3) の $F(x_1)$ に対応し、$\cos x_1$ が $f(x_1)[= F'(x_1)]$ に対応することがわかる。また $q(x_1) = \sin x_1$ で $a = 0$、$b = x_1$ の場合を考えると、

$$\int_0^{x_1} \sin x_1 dx_1 = 1 - \cos x_1 \tag{3.7}$$

となり、$1 - \cos x_1$ が式 (3.3) の $F(x_1)$ に対応し、$\sin x_1$ が $f(x_1)$ に対応することがわかる。

式 (3.4) と同様にして、区間 $a \leqq x_1 \leqq b$、 $c \leqq x_2 \leqq d$ における関数 $v(x_1, x_2)$ の二重積分（double integral）

$$V \equiv \int_c^d \int_a^b v(x_1, x_2)dx_1 dx_2 \tag{3.8}$$

は、$x_1 - x_2$ 面内における区間と v に挟まれた体積を表す。

3.3 行列式、行列、逆行列

3.3.1 行列式

- 二次の行列式（determinant）

$$\begin{vmatrix} a_1 & b_1 \\ a_2 & b_2 \end{vmatrix} = a_1 b_2 - a_2 b_1 \tag{3.9}$$

- 三次の行列式

$$\begin{vmatrix} a_1 & b_1 & c_1 \\ a_2 & b_2 & c_2 \\ a_3 & b_3 & c_3 \end{vmatrix} = a_1b_2c_3 + b_1c_2a_3 + c_1a_2b_3 - c_1b_2a_3 - b_1a_2c_3 - a_1c_2b_3 \qquad (3.10)$$

以上の二次と三次の行列式については、ここに示したように斜め右下方向に掛けたものには正の符号を付して、斜め左下方向に掛けたものには負の符号を付して足し合わせることにより値を求めることができる。

- 四次以上の行列式についても余因数を用いて展開することを基本として値を求めることができる。詳しくは代数学・幾何学の教科書を参照されたい。

3.3.2 行列

- 和と差

例として 3 行 3 列の行列（matrix）を考え、

$$\begin{bmatrix} a_{11} & a_{12} & a_{13} \\ a_{21} & a_{22} & a_{23} \\ a_{31} & a_{32} & a_{33} \end{bmatrix}$$

を $[a_{ij}]$ と表し、同様にして $[b_{ij}]$ を対象としたとき、$[a_{ij}]$ と $[b_{ij}]$ の和と差は、$[a_{ij}] \pm [b_{ij}]$ となり、例としてその 1 行 2 列目の要素は $a_{12} \pm b_{12}$ となる。

- 積

指標の反復は、その指標のとる範囲についての和を表すものとして、記号 $\sum$ を省略するという総和規約を用いて、$[a_{ij}]$ と $[b_{jk}]$

の積 $[c_{ik}]$ は

$$[a_{ij}][b_{jk}] = \begin{bmatrix} a_{1j}b_{j1} & a_{1j}b_{j2} & a_{1j}b_{j3} \\ a_{2j}b_{j1} & a_{2j}b_{j2} & a_{2j}b_{j3} \\ a_{3j}b_{j1} & a_{3j}b_{j2} & a_{3j}b_{j3} \end{bmatrix} = [c_{ik}] \tag{3.11}$$

3.3.3 逆行列

行の数と列の数が等しい行列を正方行列という。また主対角要素以外の要素が全て0である正方行列を対角行列といい、対角行列の要素が全て1である行列を単位行列という。$[a_{ij}]$ を正方行列としたとき、これに以下の例に示すようにある行列を掛けることにより単位行列が得られる場合、ここに掛ける行列のことを $[a_{ij}]$ の逆行列（inverse matrix）と呼び、$[a_{ij}]^{-1}$ と表す。3行3列の行列を例として記すと、

$$[a_{ij}][a_{ij}]^{-1} = [a_{ij}]^{-1}[a_{ij}] = \begin{bmatrix} 1 & 0 & 0 \\ 0 & 1 & 0 \\ 0 & 0 & 1 \end{bmatrix} \tag{3.12}$$

例えば二つの座標系 x_i、ξ_k を考え、それぞれの関係を $x_i(\xi_k)$、$\xi_k(x_i)$ と表すとき、

$$[a_{ij}] = \begin{bmatrix} \frac{\partial x_1}{\partial \xi_1} & \frac{\partial x_2}{\partial \xi_1} & \frac{\partial x_3}{\partial \xi_1} \\ \frac{\partial x_1}{\partial \xi_2} & \frac{\partial x_2}{\partial \xi_2} & \frac{\partial x_3}{\partial \xi_2} \\ \frac{\partial x_1}{\partial \xi_3} & \frac{\partial x_2}{\partial \xi_3} & \frac{\partial x_3}{\partial \xi_3} \end{bmatrix} \tag{3.13}$$

なる場合、

$$[a_{ij}]^{-1} = \begin{bmatrix} \frac{\partial \xi_1}{\partial x_1} & \frac{\partial \xi_2}{\partial x_1} & \frac{\partial \xi_3}{\partial x_1} \\ \frac{\partial \xi_1}{\partial x_2} & \frac{\partial \xi_2}{\partial x_2} & \frac{\partial \xi_3}{\partial x_2} \\ \frac{\partial \xi_1}{\partial x_3} & \frac{\partial \xi_2}{\partial x_3} & \frac{\partial \xi_3}{\partial x_3} \end{bmatrix} \tag{3.14}$$

となる。具体的に $[a_{ij}][a_{ij}]^{-1}$ を計算すると以下のように単位行列になることがわかる。例えば $[a_{ij}][a_{ij}]^{-1}$ の1行1列目は

$$\frac{\partial x_1}{\partial \xi_1}\frac{\partial \xi_1}{\partial x_1}+\frac{\partial x_2}{\partial \xi_1}\frac{\partial \xi_1}{\partial x_2}+\frac{\partial x_3}{\partial \xi_1}\frac{\partial \xi_1}{\partial x_3}=\frac{\partial \xi_1(x_1,x_2,x_3)}{\partial \xi_1}=1 \tag{3.15}$$

また1行2列目は

$$\frac{\partial x_1}{\partial \xi_1}\frac{\partial \xi_2}{\partial x_1}+\frac{\partial x_2}{\partial \xi_1}\frac{\partial \xi_2}{\partial x_2}+\frac{\partial x_3}{\partial \xi_1}\frac{\partial \xi_2}{\partial x_3}=\frac{\partial \xi_2(x_1,x_2,x_3)}{\partial \xi_1}=0 \tag{3.16}$$

となる。他の要素についても同様にして単位行列の要素になっていることがわかる。なお逆行列の要素は元の行列の行列式と余因数を用いて求めることができる。詳しくは代数学・幾何学の教科書を参照されたい。

3.4 ベクトル解析

3.4.1 ベクトル

一例として図3.3に示すように直角座標系 (x_1,x_2,x_3) を考え、$x_i(i=1,2,3)$ 軸に沿った基底ベクトルを単位ベクトル $\boldsymbol{i}_i$ により表す。任意のベクトル (vector)$\boldsymbol{V}$ は $\boldsymbol{i}_i$ を用いて

$$\boldsymbol{V}=v_i\boldsymbol{i}_i$$
$$(=v_1\boldsymbol{i}_1+v_2\boldsymbol{i}_2+v_3\boldsymbol{i}_3) \tag{3.17}$$

と表すことができる。v_i は $\boldsymbol{i}_i$ に対する倍率を表しており、これを $\boldsymbol{V}$ の x_i 方向成分と呼ぶ。

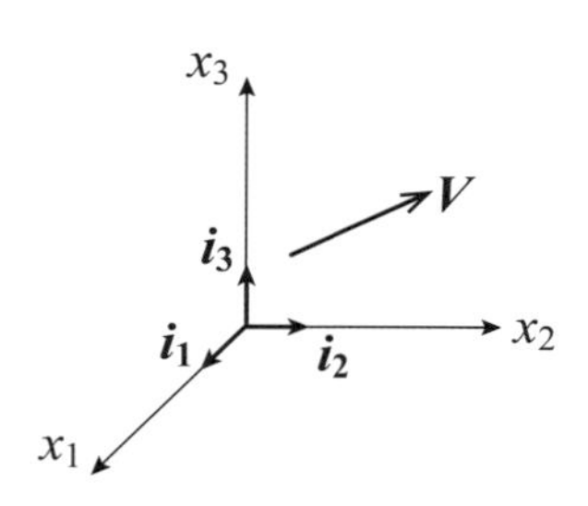

図3.3　空間内のベクトル $\boldsymbol{V}$ と座標軸に沿った基底ベクトル $\boldsymbol{i}_i$

3.4.2 ベクトルの内積

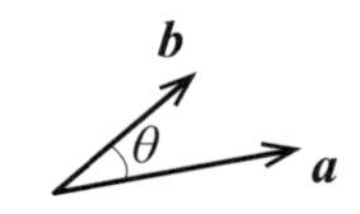

図 3.4　角 θ をなす二つのベクトル $\boldsymbol{a}$ と $\boldsymbol{b}$

図 3.4 に示すように二つのベクトル $\boldsymbol{a}$ と $\boldsymbol{b}$ が角 θ をなして存在するとき、$|\boldsymbol{a}||\boldsymbol{b}|\cos\theta$ を $\boldsymbol{a}$ と $\boldsymbol{b}$ の内積 (inner product) と呼び、$\boldsymbol{a}\cdot\boldsymbol{b}$ と表す。$\boldsymbol{a}$、$\boldsymbol{b}$ それぞれの成分を a_i、b_i と書けば、$\boldsymbol{a}\cdot\boldsymbol{b} = a_i b_i$ と表すこともできる［演習問題 3（3.1）参照］。

3.4.3 ベクトルの外積

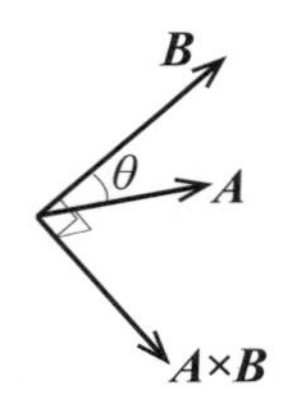

図 3.5　角 θ をなす二つのベクトル $\boldsymbol{A}$ と $\boldsymbol{B}$ の外積 $\boldsymbol{A}\times\boldsymbol{B}$

図 3.5 に示すように二つのベクトル $\boldsymbol{A}$ と $\boldsymbol{B}$ が角 θ をなして存在するとき、大きさが $|\boldsymbol{A}||\boldsymbol{B}|\sin\theta$ で、方向が $\boldsymbol{A}$ と $\boldsymbol{B}$ に垂直で、$\boldsymbol{A}$ を $\boldsymbol{B}$ に近づけるように 180° より小さい角度で回転させたときに、右ねじの進む向きを向くベクトルを $\boldsymbol{A}$ と $\boldsymbol{B}$ の外積 (outer product) と呼び、$\boldsymbol{A}\times\boldsymbol{B}$ と表す。なお $\boldsymbol{A}\times\boldsymbol{B}$ は、例として図 3.3 に示す座標系を考えたとき、次のように表すこともできる［演習問題 3（3.2）参照］。

$$\boldsymbol{A}\times\boldsymbol{B} = \begin{vmatrix} \boldsymbol{i}_1 & \boldsymbol{i}_2 & \boldsymbol{i}_3 \\ A_1 & A_2 & A_3 \\ B_1 & B_2 & B_3 \end{vmatrix} \tag{3.18}$$

ここに A_i、B_i はそれぞれ $\boldsymbol{A}$、$\boldsymbol{B}$ の成分である。また $\boldsymbol{A}\times\boldsymbol{B} = -\boldsymbol{B}\times\boldsymbol{A}$ となる。

3.4.4 勾配

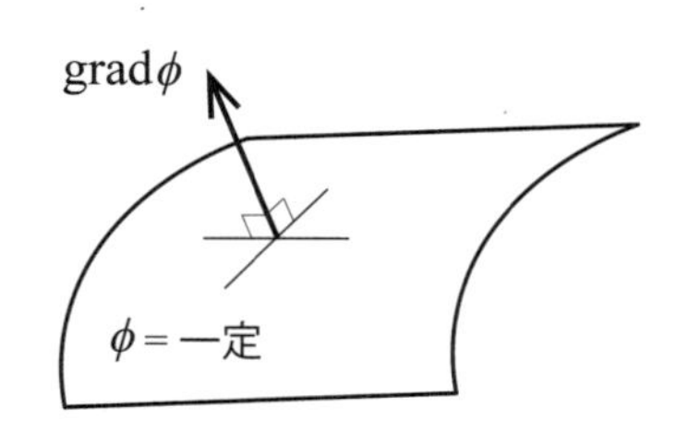

図 3.6　ϕ = 一定の面と gradϕ

スカラー ϕ の座標軸方向の勾配を成分とするベクトルを

$$\mathrm{grad}\phi = \phi_{,i}\boldsymbol{i}_i$$
$$\left(= \frac{\partial \phi}{\partial x_1}\boldsymbol{i}_1 + \frac{\partial \phi}{\partial x_2}\boldsymbol{i}_2 + \frac{\partial \phi}{\partial x_3}\boldsymbol{i}_3\right) \tag{3.19}$$

と書き、ϕ の勾配 (gradient) と呼ぶ。gradϕ は図 3.6 に示すように等 ϕ 面に垂直である［演習問題 3（3.3）参照］。

3.4.5 発散

例として電流密度ベクトル $\boldsymbol{J}$ を考えるとき、$\boldsymbol{J}$ の成分を J_i と表して

$$\mathrm{div}\boldsymbol{J} = J_{i,i}\left(= \frac{\partial J_1}{\partial x_1} + \frac{\partial J_2}{\partial x_2} + \frac{\partial J_3}{\partial x_3}\right) \tag{3.20}$$

は単位体積当たりに出入りする電流を表し、発散 (divergence) と呼ばれる。単位体積に入ってくる量と出ていく量が等しいときには、div$\boldsymbol{J}$=0 となる。単位体積から出ていく量が入ってくる量に比べて多い場合には、div$\boldsymbol{J} > 0$ となる。

表面積が S でその外向き単位法線ベクトルを $\boldsymbol{n}$ とする体積 V なる領域を考えたとき、div$\boldsymbol{J}$ の V についての体積積分は、$\boldsymbol{J}\cdot\boldsymbol{n}$ の S についての面積分に等しい。これをガウスの発散定理（Gauss's divergence theorem）という。

3.4.6 回転

ベクトル $\boldsymbol{H}$ の成分を H_i と記すとき

$$\mathrm{rot}\boldsymbol{H} = \begin{vmatrix} \boldsymbol{i}_1 & \boldsymbol{i}_2 & \boldsymbol{i}_3 \\ \frac{\partial}{\partial x_1} & \frac{\partial}{\partial x_2} & \frac{\partial}{\partial x_3} \\ H_1 & H_2 & H_3 \end{vmatrix} \tag{3.21}$$

を $\boldsymbol{H}$ の回転 (rotation) と呼ぶ[*1]。

3.4.7 ストークスの定理

図 3.7 に示すように面積 S の周りの境界を C とし、C 上で C に沿った微小ベクトルを $d\boldsymbol{r}$ とする。S の単位法線ベクトルで、$d\boldsymbol{r}$ の方向を右ねじの回転する方向としたときに、右ねじの進む向きを向いたものを $\boldsymbol{n}$ と表す。このとき、

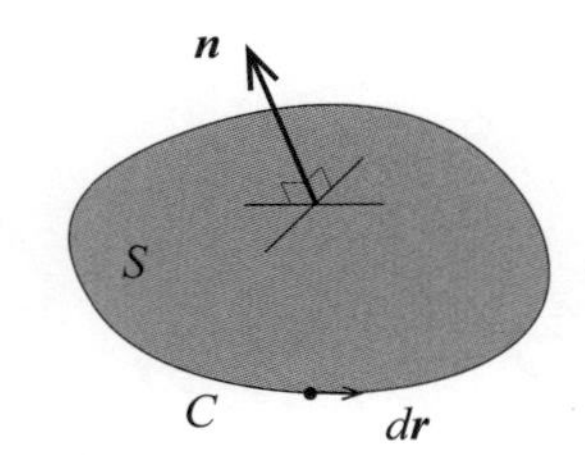

図 3.7　ストークスの定理における S、C、$d\boldsymbol{r}$、$\boldsymbol{n}$

$$\int_S (\mathrm{rot}\boldsymbol{H}) \cdot \boldsymbol{n} dS = \int_C \boldsymbol{H} \cdot d\boldsymbol{r} \tag{3.22}$$

が成り立つ。これをストークスの定理 (Stokes' theorem) という。

3.4.8 勾配の回転、回転の発散

任意のスカラー ϕ、ベクトル $\boldsymbol{A}$ について

$$\mathrm{rot}(\mathrm{grad}\phi) = 0, \quad \mathrm{div}(\mathrm{rot}\boldsymbol{A}) = 0 \tag{3.23}$$

が成り立つ［演習問題 3（3.4）参照］。

[*1] 図 1.3 に記した ω_{12} は、変位ベクトルを $\boldsymbol{u}$ と表すとき、$\mathrm{rot}\boldsymbol{u}$ の x_3 軸方向成分に -1/2 を掛けたものに等しい。

3.4.9 ナブラを用いた表示

ナブラ ∇ は次のように定義される。

$$\nabla \equiv \boldsymbol{i}_1 \frac{\partial}{\partial x_1} + \boldsymbol{i}_2 \frac{\partial}{\partial x_2} + \boldsymbol{i}_3 \frac{\partial}{\partial x_3} \tag{3.24}$$

∇ を用いて、grad、div、rot は次のようにも表される。

$$\nabla \phi \equiv \mathrm{grad}\phi, \quad \nabla \cdot \boldsymbol{A} \equiv \mathrm{div}\boldsymbol{A}, \quad \nabla \times \boldsymbol{A} \equiv \mathrm{rot}\boldsymbol{A} \tag{3.25}$$

またラプラシアンは

$$\nabla \cdot \nabla = \frac{\partial^2}{\partial x_1^2} + \frac{\partial^2}{\partial x_2^2} + \frac{\partial^2}{\partial x_3^2} \equiv \nabla^2 \equiv \Delta \tag{3.26}$$

と表される。

3.5 フーリエ級数

文献（1a）を基に概説する。関数 $f(x)$ を次のように表すことを考える。

$$f(x) = a_0 + \sum_{m=1}^{\infty} \left(a_m \cos \frac{m\pi}{l} x + b_m \sin \frac{m\pi}{l} x \right) \tag{3.27}$$

これを $f(x)$ のフーリエ級数（Fourier series）という。以下、a_0、a_m、b_m の求め方を記す。

- $f(x)$ の左右両辺を c から $c+2l$ まで積分すると

$$\int_c^{c+2l} f(x)dx = \underbrace{\int_c^{c+2l} a_0 dx}_{=2la_0} + \sum_{m=1}^{\infty}\left(a_m \underbrace{\int_c^{c+2l} \cos\frac{m\pi}{l}xdx}_{\substack{=\begin{cases}0 & (m\neq 0)\\ 2l & (m=0)\end{cases}\\ [m\geqslant 1\text{ だからこの項は }0]}} + b_m \underbrace{\int_c^{c+2l} \sin\frac{m\pi}{l}xdx}_{=0}\right) \tag{3.28}$$

- 次に $f(x)$ の左右両辺に $\cos(n\pi x/l)$ を掛けて、c から $c+2l$ まで積分すると

$$\int_c^{c+2l} f(x)\cos\frac{n\pi}{l}xdx = \underbrace{\int_c^{c+2l} a_0\cos\frac{n\pi}{l}xdx}_{=0} + \sum_{m=1}^{\infty}\left(a_m \underbrace{\int_c^{c+2l} \cos\frac{m\pi}{l}x\cos\frac{n\pi}{l}xdx}_{\substack{=\begin{cases}0 & (m\neq n)\\ l & (m=n)\end{cases}\\ \text{（積分 1）}}} + b_m \underbrace{\int_c^{c+2l} \sin\frac{m\pi}{l}x\cos\frac{n\pi}{l}xdx}_{\substack{=0\\ \text{（積分 2）}}}\right) \tag{3.29}$$

- 同様にして、$f(x)$ の左右両辺に $\sin(n\pi x/l)$ を掛けて、c から $c+2l$ まで積分すると

$$\int_c^{c+2l} f(x)\sin\frac{n\pi}{l}xdx = \underbrace{\int_c^{c+2l} a_0 \sin\frac{n\pi}{l}xdx}_{=0}$$

$$+\sum_{m=1}^{\infty}\left(a_m \underbrace{\int_c^{c+2l} \cos\frac{m\pi}{l}x\sin\frac{n\pi}{l}xdx}_{\substack{=0 \\ \text{（積分 2 の } m \text{ と } n \text{ を入れ換えたもの）}}}\right.$$

$$\left.+b_m \underbrace{\int_c^{c+2l} \sin\frac{m\pi}{l}x\sin\frac{n\pi}{l}xdx}_{= \begin{cases} 0 & (m \neq n) \\ l & (m = n) \end{cases} \text{（積分 3）}}\right) \tag{3.30}$$

故に

$$\left.\begin{aligned} a_0 &= \frac{1}{2l}\int_c^{c+2l} f(\xi)d\xi, \\ a_m &= \frac{1}{l}\int_c^{c+2l} f(\xi)\cos\frac{m\pi}{l}\xi d\xi, \\ b_m &= \frac{1}{l}\int_c^{c+2l} f(\xi)\sin\frac{m\pi}{l}\xi d\xi \end{aligned}\right\} \tag{3.31}$$

なお

$$\left.\begin{aligned} \text{（積分 1）} &= \frac{1}{2}\int_c^{c+2l}\left(\cos\frac{m-n}{l}\pi x + \cos\frac{m+n}{l}\pi x\right)dx = \begin{cases} 0 & (m \neq n) \\ l & (m = n) \end{cases}, \\ \text{（積分 2）} &= \frac{1}{2}\int_c^{c+2l}\left(\sin\frac{m+n}{l}\pi x + \sin\frac{m-n}{l}\pi x\right)dx = 0, \\ \text{（積分 3）} &= \frac{1}{2}\int_c^{c+2l}\left(\cos\frac{m-n}{l}\pi x - \cos\frac{m+n}{l}\pi x\right)dx = \begin{cases} 0 & (m \neq n) \\ l & (m = n) \end{cases} \end{aligned}\right\} \tag{3.32}$$

式（3.27）より、$f(x_0) = f(x_0 + 2l) = f(x_0 + 4l) = \cdots$ となる。これよりフーリエ級数表示は、$c < x < c + 2l$ なる区間だけでなく、$f(x)$ を周期 $2l$ の周期関数と捉えているとみることもできる。

3.6 フーリエ変換

文献（1b）を基に概説する。

$$f(t) = \frac{1}{\pi}\int_0^{\infty} d\omega \int_{-\infty}^{\infty} f(\xi)\cos\omega(\xi - t)d\xi \tag{3.33}$$

を $f(t)$ のフーリエ積分（Fourier integral）という。これは形式的には、有限区間 $[-l, l]$ における $f(t)$ のフーリエ級数において、$l \to \infty$ として対応の有効区間を $(-\infty, \infty)$ に拡大したものとみることもできる[(2)]。

式（3.33）は ω に関して偶関数の積分であるから

$$f(t) = \frac{1}{2\pi}\int_{-\infty}^{\infty} d\omega \int_{-\infty}^{\infty} f(\xi)\cos\omega(t - \xi)d\xi \tag{3.34}$$

同様にして、ω に関して奇関数 $f(\xi)\sin\dot{\omega}(t-\xi)$ の積分を考えると 0 になる。すなわち

$$0 = \frac{1}{2\pi}\int_{-\infty}^{\infty} d\omega \int_{-\infty}^{\infty} f(\xi)\sin\omega(t - \xi)d\xi \tag{3.35}$$

式（3.35）に $i\,(=\sqrt{-1})$ を掛けて式（3.34）と加え合わせると

$$f(t) = \frac{1}{2\pi}\int_{-\infty}^{\infty} d\omega \int_{-\infty}^{\infty} f(\xi)e^{i\omega(t-\xi)}d\xi \tag{3.36}$$

あるいは式（3.35）に $-i$ を掛けて式（3.34）と加え合わせると

$$f(t) = \frac{1}{2\pi}\int_{-\infty}^{\infty} d\omega \int_{-\infty}^{\infty} f(\xi)e^{-i\omega(t-\xi)}d\xi \tag{3.37}$$

式（3.36）、（3.37）は次のように表現し直すことができる。

$$F(\omega) = \frac{1}{\sqrt{2\pi}}\int_{-\infty}^{\infty} f(\xi)e^{\mp i\omega\xi}d\xi, \tag{3.38}$$

$$f(t) = \frac{1}{\sqrt{2\pi}}\int_{-\infty}^{\infty} F(\omega)e^{\pm i\omega t}d\omega \tag{3.39}$$

$F(\omega)$ を $f(t)$ のフーリエ変換（Fourier transform）といい、$f(t)$ は $F(\omega)$ のフーリエ逆変換（Fourier inverse transform）と呼ばれる。

上記より $F(\omega)e^{\pm i\omega t}$ の虚部を ω について $-\infty$ から ∞ まで積分すれば 0 となり、式（3.39）より t の値を定めて、$F(\omega)e^{\pm i\omega t}$ の実部を ω について $-\infty$ から ∞ まで積分した後に $1/\sqrt{2\pi}$ を掛けたものが $f(t)$ である。なお $F(\omega)e^{\pm i\omega t}$ の実部は、$F(\omega)$ の実部、虚部をそれぞれ $\mathrm{Re}[F(\omega)]$、$\mathrm{Im}[F(\omega)]$ と表せば、第 2 章の式（2.51）と同様にして

$$F(\omega)e^{\pm i\omega t}\text{の実部} = \sqrt{\{\mathrm{Re}[F(\omega)]\}^2 + \{\mathrm{Im}[F(\omega)]\}^2} \times \cos\left(\omega t \pm \tan^{-1}\frac{\mathrm{Im}[F(\omega)]}{\mathrm{Re}[F(\omega)]}\right) \tag{3.40}$$

と表され、t により cos で変動するが、その振幅は $F(\omega)$ の大きさで与えられる。$F(\omega)e^{\pm i\omega t}$ の実部を $\omega - t$ 平面に垂直な縦軸とする三次元のグラフを考えると、t の値を定めて、式 (3.39) より縦軸に記した関数を ω 軸に沿って上記のように積分することを踏まえて $f(t)$ を求めるという手順について理解しやすいことを付記しておく。

3.7 コーシー・リーマンの関係式（方程式）

複素数 $z = x_1 + ix_2$、複素関数

$$w = f(z) = \phi(x_1, x_2) + i\psi(x_1, x_2) \tag{3.41}$$

を考える。

$$\lim_{\Delta z \to 0} \frac{f(z + \Delta z) - f(z)}{\Delta z}$$

が Δz の方向によらずに有限の一定の値をとるとき、これを z における $f(z)$ の微分係数といい、$f'(z)$ あるいは dw/dz で表す。点 z において $f'(z)$ が存在するとき、$f(z)$ は z において正則であるという。$f(z)$ が

領域 D の全ての点で正則なら、$f(z)$ は D において正則関数であるという。

$f(z)$ が正則になるための必要十分条件は

$$\frac{\partial \phi}{\partial x_1}=\frac{\partial \psi}{\partial x_2}, \quad \frac{\partial \phi}{\partial x_2}=-\frac{\partial \psi}{\partial x_1} \tag{3.42}$$

で表される。この誘導に関する詳細については文献（1c）を参照されたい。式(3.42)をコーシー・リーマンの関係式(方程式)(Cauchy-Riemann equations）という。これは複素関数論の基礎をなす式である。

式（3.42）より

$$\frac{\partial^2 \phi}{\partial x_1^2}+\frac{\partial^2 \phi}{\partial x_2^2}=0, \quad \frac{\partial^2 \psi}{\partial x_1^2}+\frac{\partial^2 \psi}{\partial x_2^2}=0 \tag{3.43}$$

すなわち正則関数の実部と虚部は共にラプラス（Laplace）方程式を満足する。

逆に次のようにいうこともできる。ラプラス方程式を満足する二つの関数 ϕ、ψ があり、それらの間に式（3.42）の関係式が成り立つとき、ϕ、ψ を用いて式（3.41）により w を作れば、w は正則関数となり、dw/dz は $\Delta z \to 0$ の方向によらずに一定の値をとる。よって

$$\frac{dw}{dz}=\underline{\frac{\partial w}{\partial x_1}}$$

x_1軸に沿って$\Delta z \to 0$

$$\frac{\partial w}{\partial x_1}=\frac{\partial \phi}{\partial x_1}+i\frac{\partial \psi}{\partial x_1}=u_1-iu_2$$

$$=\underline{\frac{\partial w}{i\partial x_2}}$$

x_2軸に沿って$\Delta z \to 0$

$$\frac{\partial w}{i\partial x_2}=\frac{1}{i}\frac{\partial \phi}{\partial x_2}+\frac{\partial \psi}{\partial x_2}=-i\frac{\partial \phi}{\partial x_2}+\frac{\partial \psi}{\partial x_2}=-iu_2+u_1$$

$$=u_1-iu_2 \tag{3.44}$$

流体力学のポテンシャル流れを例にとれば、ϕ は速度ポテンシャル、ψ は流線関数（流れ関数）と呼ばれるものであり、x_1、x_2 方向の速度成分 u_1、u_2 と $u_1 = \partial\phi/\partial x_1$、$u_2 = \partial\phi/\partial x_2$、$u_1 = \partial\psi/\partial x_2$、$u_2 = -\partial\psi/\partial x_1$ の関係が成り立つ。

一例として $w = (U - iV)z$ なる場合を考えると、$dw/dz = U - iV$ となり、$u_1 = U$、$u_2 = V$ なる速度成分を有する一様な流れを表す。

極座標 (r, θ) 表示でのコーシー・リーマンの関係式[*2] および流体力学における r、θ 方向の速度成分 q_r、q_θ は次のように表される（後述する図 Q3.3 参照）。

$$\frac{\partial\phi}{\partial r} = \frac{1}{r}\frac{\partial\psi}{\partial\theta}, \quad \frac{1}{r}\frac{\partial\phi}{\partial\theta} = -\frac{\partial\psi}{\partial r}, \tag{3.45}$$

$$q_r = \frac{\partial\phi}{\partial r}, \quad q_\theta = \frac{1}{r}\frac{\partial\phi}{\partial\theta}, \quad q_r = \frac{1}{r}\frac{\partial\psi}{\partial\theta}, \quad q_\theta = -\frac{\partial\psi}{\partial r} \tag{3.46}$$

上記の流体力学に関する諸式については、文献（3）を参照されたい。

3.8 テンソル

3.8.1 テンソルとは何か

座標変換（下記では x 座標系から y 座標系へ）に際し、座標の偏導関数が下記のように現れる A、B に指標が付いた物理量のことをテンソル（tensor）と呼ぶ。その偏導関数の個数を階（rank）、また下記では x 座標が偏導関数の分子にくる場合を共変（covariant）、分母にくる場合を

[*2] 式（3.45）は、式（3.42）に次の公式を適用することにより求められる。

$$\frac{\partial}{\partial x_1} = \cos\theta\frac{\partial}{\partial r} - \frac{\sin\theta}{r}\frac{\partial}{\partial\theta}, \quad \frac{\partial}{\partial x_2} = \sin\theta\frac{\partial}{\partial r} + \frac{\cos\theta}{r}\frac{\partial}{\partial\theta}$$

反変（contravariant）と呼ぶ。共変テンソルについては指標を右下に付け、反変テンソルについては指標を右上に付ける。ここに指標の個数は階の数に等しい。なお0階のテンソルはスカラー、1階のテンソルはベクトルの成分と同じである。

以下では総和規約を用い、ギリシャ文字の添字は1、2、3、$\cdots$ なる数値をとるものとする。また例えば y^1、y^2、y^3、$\cdots$ の関数 $B_i(y^1, y^2, y^3, \cdots)$ を $B_i(y)$ と略して記す。

- 1階の共変テンソル（covariant tensor of rank one）

$$B_i(y) = \frac{\partial x^\alpha}{\partial y^i} A_\alpha(x) \tag{3.47}$$

- 1階の反変テンソル （contravariant tensor of rank one）

$$B^i(y) = \frac{\partial y^i}{\partial x^\alpha} A^\alpha(x) \tag{3.48}$$

- r 階の共変テンソル（covariant tensor of rank r）

$$B_{i_1 i_2 \cdots i_r}(y) = \frac{\partial x^{\alpha_1}}{\partial y^{i_1}} \frac{\partial x^{\alpha_2}}{\partial y^{i_2}} \cdots \frac{\partial x^{\alpha_r}}{\partial y^{i_r}} A_{\alpha_1 \alpha_2 \cdots \alpha_r}(x) \tag{3.49}$$

- r 階の反変テンソル（contravariant tensor of rank r）

$$B^{i_1 i_2 \cdots i_r}(y) = \frac{\partial y^{i_1}}{\partial x^{\alpha_1}} \frac{\partial y^{i_2}}{\partial x^{\alpha_2}} \cdots \frac{\partial y^{i_r}}{\partial x^{\alpha_r}} A^{\alpha_1 \alpha_2 \cdots \alpha_r}(x) \tag{3.50}$$

- r 階の共変で s 階の反変の混合テンソル （mixed tensor, covariant of rank r and contravariant of rank s）

$$B^{j_1 j_2 \cdots j_s}_{i_1 i_2 \cdots i_r}(y) = \frac{\partial x^{\alpha_1}}{\partial y^{i_1}} \frac{\partial x^{\alpha_2}}{\partial y^{i_2}} \cdots \frac{\partial x^{\alpha_r}}{\partial y^{i_r}} \frac{\partial y^{j_1}}{\partial x^{\beta_1}} \frac{\partial y^{j_2}}{\partial x^{\beta_2}} \cdots \frac{\partial y^{j_s}}{\partial x^{\beta_s}} \times A^{\beta_1 \beta_2 \cdots \beta_s}_{\alpha_1 \alpha_2 \cdots \alpha_r}(x) \tag{3.51}$$

3.8.2 なぜテンソルを使うのか

一例として、x 座標系において1階の共変テンソル $A_\alpha(x)$ が左辺にあり、右辺にある同種のテンソル $B_\alpha(x)$ に比例しているという式

［C を定数として $A_\alpha(x) = CB_\alpha(x)$］を考えたとき、両辺に偏導関数 $\partial x^\alpha/\partial y^i$ を掛ければ、y 座標系における式［$\partial x^\alpha/\partial y^i A_\alpha(x) = \widetilde{A}_i(y)$、$\partial x^\alpha/\partial y^i B_\alpha(x) = \widetilde{B}_i(y)$ として $\widetilde{A}_i(y) = C\widetilde{B}_i(y)$］が得られ、それは x 座標系における式と同じ形をしている。この例のようにテンソルを用いて表現した式（tensor equation）は座標変換に際し、式の形が変わらない（保存される）。これがテンソルを使う理由である。

テンソルの詳細をはじめとし、テンソルによる幾何学の展開、連続体の有限変形理論等については、例えば文献（4）～（7）を参照されたい。

3.8.3 変位、ひずみ、応力の各成分とテンソル

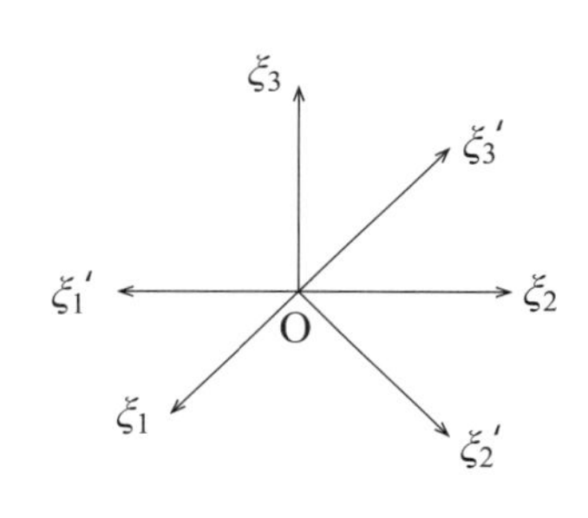

図 3.8　座標変換（三次元）

前述した弾性力学を例に、変位成分が 1 階のテンソル、ひずみと応力の成分が 2 階のテンソルであることを示しておこう。一例として図 3.8 に示す原点 O は同一であるが、任意の角度の傾きを有する二つの直角座標系（ξ_i）、（ξ_i'）間でのこれらの成分の変換について考える。なお式（3.47）～（3.51）において座標の指標を例えば x^α のように右上に付けた。直角でない座標系を扱うときには x^α と指標を右下に付した x_α は異なる意味を有する。しかしながら図 3.8 に示す直角座標系を扱うときには両者は同じ意味になる。同様にして共変と反変の違いによる指標の位置についても図 3.8 に示す直角座標系を扱う際には両者を区別する必要はない。これについては後に式（3.60）を踏まえて説明を付記する。

座標軸 ξ_i' と座標系（ξ_j）の座標軸とのなす角 θ_{ij} の方向余弦（$\cos\theta_{ij}$）

を l_{ij} と表せば、

$$\xi'_i = l_{ij}\xi_j\,, \tag{3.52}$$

$$\xi_i = l_{ji}\xi'_j \tag{3.53}$$

が成り立つ。図 3.9 に示すように二次元で考えたとき、例えば図中の点 P の座標 ξ'_1 は

$$\xi'_1 = \xi_1 \cos\theta_{11} + \xi_2 \cos\theta_{12} = l_{11}\xi_1 + l_{12}\xi_2 \tag{3.54}$$

また ξ_1 は

$$\xi_1 = \xi'_1 \cos\theta_{11} + \xi'_2 \cos\theta_{21} = l_{11}\xi'_1 + l_{21}\xi'_2 \tag{3.55}$$

となることより、式 (3.52)、(3.53) が成り立つことが確かめられる。

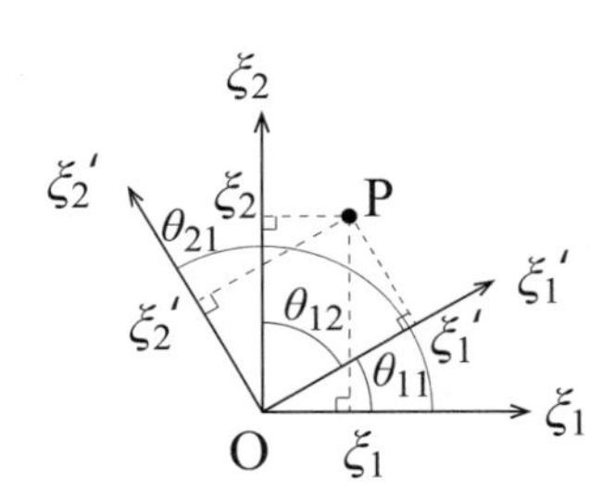

図 3.9　座標変換（二次元）

ベクトル $\overrightarrow{\mathrm{OP}}$ が変位ベクトル $\boldsymbol{u}$ を表す場合には、座標系 (ξ_i)、(ξ'_i) に対する変位成分を u_i、u'_i と表せば、これらの変換公式は式 (3.52)、(3.53) において ξ を u で置き換えることにより表される。

次に同様にして両座標系に対するひずみ成分をそれぞれ e_{ij}、e'_{ij} と表し、応力成分を τ_{ij}、τ'_{ij} と表せば、ひずみ成分ならびに応力成分の変換公式が次のように与えられる [8]。

$$e'_{ij} = l_{ik}l_{jl}e_{kl}\,, \tag{3.56}$$

$$e_{ij} = l_{ki}l_{lj}e'_{kl} \tag{3.57}$$

また

$$\tau'_{ij} = l_{ik}l_{jl}\tau_{kl}\,, \tag{3.58}$$

$$\tau_{ij} = l_{ki} l_{lj} \tau'_{kl} \tag{3.59}$$

式（3.58）、（3.59）は式（3.56）、（3.57）と同一の形をしている。

式（3.56）～（3.59）に現れる方向余弦は、式（3.52）、（3.53）より次のように座標の偏導関数で表現できる。例えば

$$l_{ik} = \frac{\partial \xi_k}{\partial \xi'_i} = \frac{\partial \xi'_i}{\partial \xi_k} \tag{3.60}$$

これより式（3.56）～（3.59）は、ひずみ成分、応力成分の座標変換に際し、座標の偏導関数が間に二つ連なって現れ、両成分が 2 階のテンソルであることを表している。なお変位はベクトルで表現でき、その成分は式（3.55）の下に記したこと、ならびに式（3.52）、（3.53）より 1 階のテンソルであることがわかる。また式（3.60）で偏導関数がその分子と分母を入れ換えても変わらないことより、共変と反変の区別がないこともわかる。

以上の説明においては図 3.8 に示した同一の原点 O を有する二つの直角座標系（ξ_i）、（ξ'_i）を対象とした。ここで任意の定数 C_1、C_2、C_3 を導入して、座標系（ξ'_i）を $\xi'_1 = C_1$、$\xi'_2 = C_2$、$\xi'_3 = C_3$ だけ平行移動した新たな直角座標系（ξ''_i）を考えてみる。以下には座標系（ξ_i）と（ξ'_i）間の座標変換は、（ξ_i）と（ξ''_i）間の座標変換と同一であることを示す。ξ''_i は ξ'_i と次の関係にある。

$$\xi''_i = \xi'_i - C_i \tag{3.61}$$

これより

$$\frac{\partial \xi''_i}{\partial \xi'_j} = \delta_{ij}, \qquad \frac{\partial \xi'_i}{\partial \xi''_j} = \delta_{ij} \tag{3.62}$$

ここに δ_{ij} はクロネッカーのデルタ［第 1 章の式（1.15）参照］である。したがって

$$\frac{\partial \xi_k}{\partial \xi'_i} = \frac{\partial \xi_k}{\partial \xi''_m}\frac{\partial \xi''_m}{\partial \xi'_i} = \frac{\partial \xi_k}{\partial \xi''_m}\delta_{mi} = \frac{\partial \xi_k}{\partial \xi''_i} \tag{3.63}$$

式（3.63）を（3.60）を考慮した上で、例えば式（3.56）の右辺に代入すると、式（3.56）の左辺は座標系（ξ_i''）に対するひずみ成分 e_{ij}'' となり、式（3.56）は座標系（ξ_i）と（ξ_i''）間の変換を表すことになる。またこれより $e_{ij}' = e_{ij}''$ が成り立っている。同様にして座標系（ξ_i''）に対する応力成分を τ_{ij}''、変位成分を u_i'' と記せば、$\tau_{ij}' = \tau_{ij}''$、$u_i' = u_i''$ が成り立っている。

以上のように、図3.8に示す二つの直角座標系（ξ_i）、（ξ_i'）を対象とすることは、座標系（ξ_i'）を平行移動した直角座標系（ξ_i''）をも包含して考慮していることになる。

演習問題 3

(3.1) 図 Q3.1 に示すように $x_1 - x_2$ 面内に存在する二つのベクトル $\boldsymbol{a}$、$\boldsymbol{b}$ が角 θ をなして存在するとき、$\boldsymbol{a}$、$\boldsymbol{b}$ の成分を a_i、b_i と表して、$\boldsymbol{a} \cdot \boldsymbol{b} = |\boldsymbol{a}||\boldsymbol{b}| \cos\theta = a_1 b_1 + a_2 b_2$ が成り立つことを示せ。なお座標軸に沿った単位ベクトルを $\boldsymbol{i_i}$ と表すものとする。

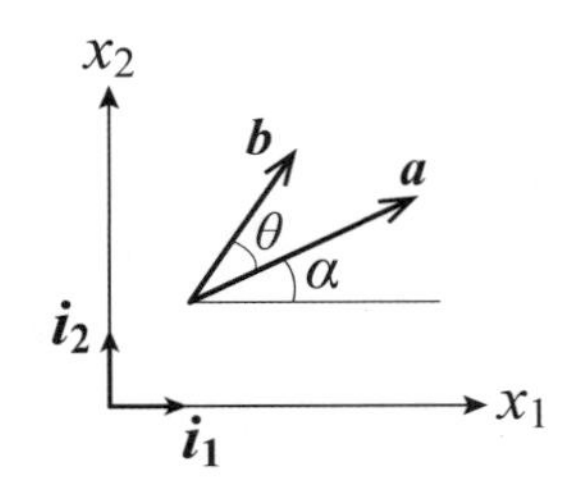

図 Q3.1　$x_1 - x_2$ 面内の二つのベクトル $\boldsymbol{a}$ と $\boldsymbol{b}$

(3.2) 図 Q3.1 の状況に x_3 軸を加え、

$$\boldsymbol{a} \times \boldsymbol{b} = |\boldsymbol{a}||\boldsymbol{b}| \sin\theta \boldsymbol{i}_3 = \begin{vmatrix} \boldsymbol{i}_1 & \boldsymbol{i}_2 & \boldsymbol{i}_3 \\ a_1 & a_2 & a_3 \\ b_1 & b_2 & b_3 \end{vmatrix} \tag{Q3.1}$$

が成り立つことを示せ。

(3.3) ϕ をスカラーとして、$\mathrm{grad}\phi$ が等 ϕ 面に垂直になることを示せ。

(3.4) 式 (3.23) が成り立つことを確認せよ。また $\boldsymbol{a}$ をベクトル、φ をスカラーとして、

$$\left.\begin{aligned} &\mathrm{div}(\varphi\boldsymbol{a}) = (\mathrm{grad}\varphi) \cdot \boldsymbol{a} + \varphi \mathrm{div}\boldsymbol{a}, \\ &(\nabla \times \boldsymbol{a}) \times \boldsymbol{a} = (\boldsymbol{a} \cdot \nabla)\boldsymbol{a} - (1/2)\nabla(\boldsymbol{a} \cdot \boldsymbol{a}) \end{aligned}\right\} \tag{Q3.2}$$

が成り立つことを確認せよ。

(3.5) 図 Q3.2 (a) に示す曲線で囲まれた領域を (b) の正方形領域に写像 (mapping) することを考える。(a) の曲線上の点 1〜8 の座標 (x_1, x_2) は数値でわかっているものとして、未知量 a_1〜a_{16} を導入し、次の関係式を考える。

$$\left.\begin{aligned} x_1 &= a_1 + a_2\xi_1 + a_3\xi_2 + a_4\xi_1^2 + a_5\xi_1\xi_2 + a_6\xi_2^2 + a_7\xi_1^2\xi_2 + a_8\xi_1\xi_2^2, \\ x_2 &= a_9 + a_{10}\xi_1 + a_{11}\xi_2 + a_{12}\xi_1^2 + a_{13}\xi_1\xi_2 + a_{14}\xi_2^2 + a_{15}\xi_1^2\xi_2 + a_{16}\xi_1\xi_2^2 \end{aligned}\right\} \tag{Q3.3}$$

式（Q3.3）の $a_1 \sim a_{16}$ の値を決定し、(a) から (b) への写像ができることを示せ。なおこの写像は有限要素法のアイソパラメトリック二次要素（isoparametric quadratic element）で使われる。

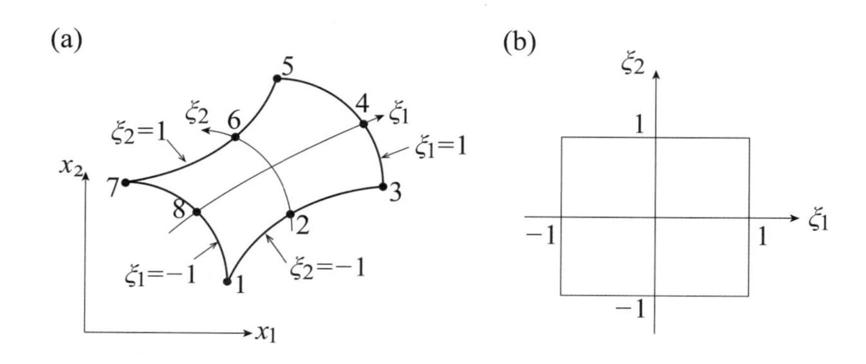

図 Q3.2　（a）$x_1 - x_2$ 座標系における曲線で囲まれた領域の
（b）$\xi_1 - \xi_2$ 座標系の正方形領域への写像

（3.6）二次元問題を考え、平面応力状態にある平面内に図 Q3.3 に示すように直角座標系（x_1, x_2）と極座標系（r, θ）を導入するとき、極座標系における応力成分を直角座標系における応力成分を用いて表せ。

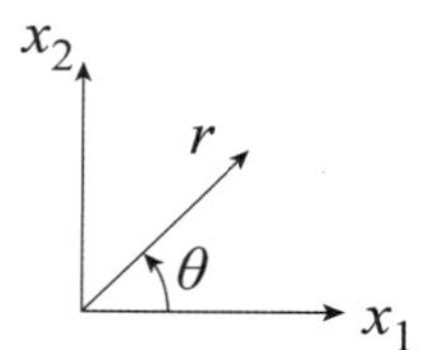

図 Q3.3　二次元問題における
直角座標系（x_1, x_2）と極座標系（r, θ）

参考文献

(1) 野邑　雄吉、応用数学 — 工学専攻者のための — 、内田老鶴圃新社、(1957)、a. pp. 116–122; b. pp. 110–114; c. pp. 240–243.
(2) 古屋　茂ほか 10 名、応用数学 2、大日本図書、(1969)、pp. 95–96.
(3) 原田　幸夫、流体の力学（付例題解答)、槇書店、(1959)、pp. 50–55、 pp. 57–58、 pp. 306–307.
(4) I. S. Sokolnikoff, Tensor analysis — theory and applications to geometry and mechanics of continua — , 2nd. ed., John Wiley & Sons, Inc., (1964).
(5) 矢野　健太郎、リーマン幾何学入門、森北出版、(1971).
(6) 岡部　朋永、ベクトル解析からはじめる固体力学入門、コロナ社、(2013).
(7) 岡部　朋永、テンソル解析からはじめる応用固体力学、コロナ社、(2015).
(8) 阿部　博之、関根　英樹、弾性学、コロナ社、(1983)、pp. 6–18.

演習問題の解答

演習問題 1 の解答

（1.1）式（Q1.2）を用いて

$$y_1 = x_1 + u_1 = \beta_{10} + (1 + \beta_{11})x_1 + \beta_{12}x_2\,, \tag{A1.1}$$

$$y_2 = x_2 + u_2 = \beta_{20} + \beta_{21}x_1 + (1 + \beta_{22})x_2 \tag{A1.2}$$

式（Q1.1）と（A1.1）を連立させれば、x_1、x_2 をそれぞれ y_1 の一次式で表すことができる。これらを式（A1.2）の右辺に代入すれば y_1 と y_2 の一次式が得られる。これは y_i を用いた直線の式を表しており、変形前の対象とした直線が変形後も直線となることを示せたことになる。

（1.2）(a) $\tau_{12} = -10\text{Pa}$、(b) $\tau_{12} = 10\text{Pa}$

（1.3）連続な応力成分は、τ_{22} と τ_{12} である。

（1.4）ナビエの方程式における変位成分が、ナビエ・ストークスの運動方程式では速度成分に変わり、またナビエ・ストークスの運動方程式では、ナビエの方程式とは異なり、圧力を $p(>0)$ と記して、体積力の成分 F_j に加えて $-p_{,j}$ を考慮する。なお $-p_{,j}$ なる項は、流体では速度＝0 で静止状態であっても、τ_{ij} は 0 でなく $-p\delta_{ij}$ となることに起因する。

（1.5）図 1.14 に示すように基板の下面から中立軸までの距離を b と表すと、下面から x_3 の距離における基板内の曲げによる中立軸に沿っ

た方向の縦ひずみ ε は

$$\varepsilon = \frac{x_3 - b}{R} \tag{A1.3}$$

と表すことができる。薄膜は平面応力状態にあるものとすると、基板との界面に x_3 方向の垂直応力ならびにせん断応力はなく、したがって基板単体で断面に作用するモーメントの釣り合いを考えることができる。基板の断面のモーメント＝0なる条件より、図1.14の紙面に垂直方向の単位厚さを考えて

$$\int_{h_s}^{0} E_s \left(\frac{x_3 - b}{R} \right) x_3 dx_3 = 0 \tag{A1.4}$$

これより

$$b = \frac{2}{3} h_s \tag{A1.5}$$

と求められる。

次に全体の軸力＝0なる条件より、薄膜内の垂直応力を $\tau_{11} (= \tau_{22})$ として、

$$\tau_{11} h_f + \int_{h_s}^{0} \frac{E_s}{1 - \nu_s} \frac{x_3 - b}{R} dx_3 = 0 \tag{A1.6}$$

ここに中立軸に沿った方向の基板内の垂直応力は x_3 の値によって変わるが、x_3 の各値で薄層を考えたときに平面応力状態で、さらに等二軸応力状態を想定する場合には、式(1.23)より基板内の垂直応力は $E_s \varepsilon / (1 - \nu_s)$ となることを考慮している。式(A1.6)の左辺第一項は薄膜断面に作用する応力による軸力であり、左辺第二項は基板断面に作用する応力による軸力を表す。式(A1.6)に(A1.5)を代入すれば式(1.27)が得られる。

なお図1.14に示す基板の左右両端においては、断面に作用する応力は0であるため、基板断面に作用する軸力は0であり、それより式(A1.6)と同様に考えて τ_{11} も0である。

（1.6）式 (Q1.3) の $\tau_{ij,j}$ と T_i の項を $(S - S_F)$ 上で $\delta u_i = 0$ であることを考慮して以下のように変形する。

$$\begin{aligned} -\int_V \tau_{ij,j}\delta u_i dV + \int_{S_F} T_i \delta u_i dS &= -\int_V \tau_{ij,j}\delta u_i dV + \int_S T_i \delta u_i dS \\ &= \int_V \tau_{ij}\delta e_{ij} dV \end{aligned} \tag{A1.7}$$

ここにコーシーの公式、グリーン―ガウス（Green-Gauss）の定理［ガウスの発散定理］および式 (1.1)、(1.9) を用いた。式 (A1.7) を (Q1.3) に代入すれば式 (1.34) が得られる。

（1.7）

$$\frac{\partial^2 w}{\partial x_1^2} + \frac{\partial^2 w}{\partial x_2^2} + \frac{\partial^2 w}{\partial x_3^2} = \frac{\partial^2 w}{\partial r^2} + \frac{2}{r}\frac{\partial w}{\partial r} \tag{A1.8}$$

であり、さらに

$$\left.\begin{aligned} \frac{\partial w}{\partial t} &= \pm\frac{c}{r}\frac{\partial \phi}{\partial (r \pm ct)}, \\ \frac{\partial^2 w}{\partial t^2} &= \frac{c^2}{r}\frac{\partial^2 \phi}{\partial (r \pm ct)^2}, \\ \frac{\partial w}{\partial r} &= -\frac{\phi}{r^2} + \frac{1}{r}\frac{\partial \phi}{\partial (r \pm ct)}, \\ \frac{\partial^2 w}{\partial r^2} &= 2\frac{\phi}{r^3} - \frac{2}{r^2}\frac{\partial \phi}{\partial (r \pm ct)} + \frac{1}{r}\frac{\partial^2 \phi}{\partial (r \pm ct)^2} \end{aligned}\right\} \tag{A1.9}$$

を考慮すると、w は式 (Q1.5) を満足することがわかる。

（1.8）式 (Q1.6) より

$$\tau_{11,1} = -\frac{K_\mathrm{I}}{2r\sqrt{2\pi r}}, \quad \tau_{12,2} = \frac{K_\mathrm{I}}{2r\sqrt{2\pi r}} \tag{A1.10}$$

となり、x_1 軸方向の平衡方程式 $\tau_{11,1} + \tau_{12,2} = 0$ が満足されることがわかる。

（1.9）応力拡大係数範囲は

$$\Delta K = 1.12\Delta\sigma_0\sqrt{\pi a} \tag{A1.11}$$

と表されることより、式 (1.76) を用いて

$$dN = \frac{da}{C(\Delta K)^n} = \frac{da}{C(1.12\Delta\sigma_0\sqrt{\pi a})^n} \tag{A1.12}$$

したがって

$$N = \int_{a_1}^{a_2} \frac{da}{C(1.12\Delta\sigma_0\sqrt{\pi a})^n} = \frac{a_2^{1-n/2} - a_1^{1-n/2}}{(1-n/2)C(1.12\Delta\sigma_0\sqrt{\pi})^n} \tag{A1.13}$$

と N が求まる。なお $n = 2$ の場合には

$$N = \frac{\ln a_2 - \ln a_1}{C(1.12\Delta\sigma_0\sqrt{\pi})^n} \tag{A1.14}$$

となる。

(1.10) ばねの端の変位を Δ_T と表すと、ばねの伸びが $C_M P$ であることを考慮して

$$\Delta_T = \Delta + C_M P \tag{A1.15}$$

が成り立つ。ここで現時点のき裂長さを a と記せば、Δ_T を単位時間に一定の値ずつ増やしていく変位制御の負荷において、安定き裂進展は、Δ_T の微小増分 $d\Delta_T > 0$ で a の微小増分 $da > 0$ と表される。一方、不安定き裂進展は、$d\Delta_T \leqq 0$ で $da > 0$ と表されることになる。式 (A1.15) より不安定き裂進展時には

$$\frac{d\Delta_T}{da} = \frac{d\Delta}{da} + C_M\frac{dP}{da} \leqq 0 \tag{A1.16}$$

となる。式 (A1.16) を変形することにより式 (1.77) が得られる。

(1.11) 図 Q1.3 に示す系 ① の状況において、長手方向の両端面 A、B の x_1 方向変位 $u_{1\mathrm{A}}^{①}$、$u_{1\mathrm{B}}^{①}$ は

$$u_{1\mathrm{A}}^{①} = -\frac{l}{2}e, \quad u_{1\mathrm{B}}^{①} = \frac{l}{2}e \tag{A1.17}$$

一方、図 Q1.4 に示す系 ② の状況において、点 C、D の x_2 方向変位 $u_{2C}^{②}$、$u_{2D}^{②}$ は

$$u_{2C}^{②} = -\nu\frac{\tau}{E}\frac{h}{2}, \quad u_{2D}^{②} = \nu\frac{\tau}{E}\frac{h}{2} \tag{A1.18}$$

式（Q1.7）より

$$\underbrace{(-P)}_{\text{①のCにおける力}}\ u_{2C}^{②} + \underbrace{P}_{\text{①のDにおける力}}\ u_{2D}^{②} = \underbrace{\left(-\tau\frac{\pi h^2}{4}\right)}_{\text{②のAにおける力}}u_{1A}^{①} + \underbrace{\left(\tau\frac{\pi h^2}{4}\right)}_{\text{②のBにおける力}}u_{1B}^{①} \tag{A1.19}$$

式（A1.19）に（A1.17）、（A1.18）を代入すれば

$$-P\times\left(-\nu\frac{\tau}{E}\frac{h}{2}\right) + P\nu\frac{\tau}{E}\frac{h}{2} = -\tau\frac{\pi h^2}{4}\times\left(-\frac{l}{2}e\right) + \tau\frac{\pi h^2}{4}\frac{l}{2}e \tag{A1.20}$$

式（A1.20）より

$$e = \frac{4\nu hP}{\pi h^2 lE} \tag{A1.21}$$

補足として、式（A1.19）は第 2 章の直流電流問題における式（2.3）に類似することを付記しておく。

(1.12)1.2.5 項を参考にして

$$K = \frac{\Theta/3}{e_{ii}} = \frac{E}{3(1-2\nu)} = \lambda_L + \frac{2}{3}\mu_L \tag{A1.22}$$

式（A1.22）と（1.41）において、非粘性の状態にある水中ではせん断応力 = 0 となることより $\mu_L = 0$ とおけば式（Q1.8）が得られる。

演習問題 2 の解答

(2.1) 式 (2.12) を $s_2 \to 0$ なる状況に適用すると

$$\frac{V}{2s_2} = \frac{\rho I}{\pi s_1 d} \tag{A2.1}$$

この式の ρ を $1/\mu$ に置き換えて式 (2.17) に代入すれば

$$\mu = -\frac{\Phi}{\pi s_1 d}\frac{\mu_0}{B_0} \tag{A2.2}$$

が得られる。

(2.2) ローレンツ数を L として式 (2.39) より

$$T_m^2 - T_1^2 = \frac{V^2}{4L} \tag{A2.3}$$

したがって

$$T_m = \sqrt{\frac{V^2}{4L} + T_1^2} \tag{A2.4}$$

(2.3) 磁石内の磁界の強さを $\boldsymbol{H_0}$、磁石の周長を l_1、ギャップにおける磁界の強さを $\boldsymbol{H}$、ギャップの長さを l_2 と表すとき、永久磁石回路を突っ切る電流がないことから、アンペアの周回路の法則より

$$|\boldsymbol{H_0}|l_1 + |\boldsymbol{H}|l_2 = 0 \quad (\boldsymbol{H_0}\text{と }\boldsymbol{H}\text{ が同方向に向いていると仮定}) \tag{A2.5}$$

これより

$$|\boldsymbol{H_0}| = -\frac{l_2}{l_1}|\boldsymbol{H}| \tag{A2.6}$$

となり、$\boldsymbol{H_0}$ は $\boldsymbol{H}$ と逆向きであることがわかる。一方、磁束密度 $\boldsymbol{B}$ は磁石内外で連続であることより、第 2 章の脚注*3 を参考にできる場合を想定すると

$$\boldsymbol{B} = \mu_0\boldsymbol{H_0} + \boldsymbol{M_P} = \mu_0\boldsymbol{H} \tag{A2.7}$$

が成り立つ。これより式（A2.7）の中辺が $\boldsymbol{H}$ と同方向であることになり、結局、$\boldsymbol{M_P}$ が $\boldsymbol{H}$ と同方向を向いており、$\boldsymbol{H_0}$ が逆方向を向いていることがわかる。すなわち $\boldsymbol{H_0}$ は $\boldsymbol{B}$ や $\boldsymbol{M_P}$ とは逆向きである。$\boldsymbol{H_0}$ は $\boldsymbol{M_P}$ が生み出した反磁場 [(25b)] と呼ばれる。式（A2.6)、（A2.7）より $\boldsymbol{H_0}$ の大きさは $\boldsymbol{M_P}$ の大きさに比例することがわかる。また $\boldsymbol{H_0}$ の大きさは、l_1/l_2 が大きくなると小さくなることもわかる。

なお式（A2.7）は、材料内の磁界の強さの符号によらずに脚注*3 に記した $\boldsymbol{B}-\boldsymbol{H}$ 関係を仮定し、磁界の強さの符号によらずに $\boldsymbol{B}-\boldsymbol{H}$ 関係の勾配を μ_0 としている。$\boldsymbol{B}-\boldsymbol{H}$ 関係の勾配を、磁界の強さが正のときには μ_0、磁界の強さが負のときには $\mu'(>\mu_0)$ と近似できる場合を対象とするときには、式（A2.7）の中辺の μ_0 を μ' に置き換えれば上記と同様の議論ができる。

（2.4）付録 2.4 を参照のこと。

（2.5）断面積が同一で、長さも同一の二つの導体があり、導電率の値は大きく異なる場合、これらの並列回路に直流電流を流すと、導電率の大きい方に電流は多く流れ、したがって電流密度が高くなる。ここで直流電流問題と静磁界線形問題の数学的類似性を考慮すると、磁性体と空気を比較した場合には、磁性体の透磁率の値が空気に比べて圧倒的に大きい。そのため磁束は多くが磁性体中を通過することになり、磁束密度が高くなる。

（2.6）磁束密度=0 となる物体の中を磁束は通らないため、物体の下面に垂直方向の磁束密度はなく、磁場を模式的に描くと図 A2.1 のようになる。(a)、(b) いずれの場合にも物体の下面に沿った方向の磁場が形成される。これにより物体の下面に圧縮のマクスウェルの応力が作用し、物体には（a)、(b) いずれの場合も浮力が作用することになる。物体と磁石を上下入れ替えて配置する場合には、磁石に浮力が働くことになる。

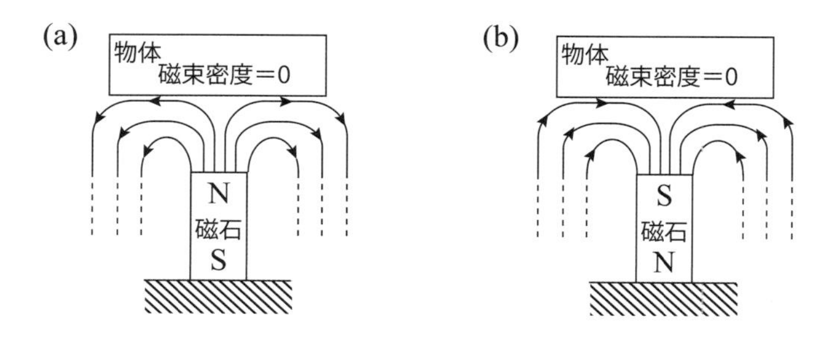

図 A2.1　磁石に近づけた磁束密度=0 となる物体による磁場の模式図
(a) N 極が上、(b) S 極が上

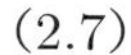

(2.7)

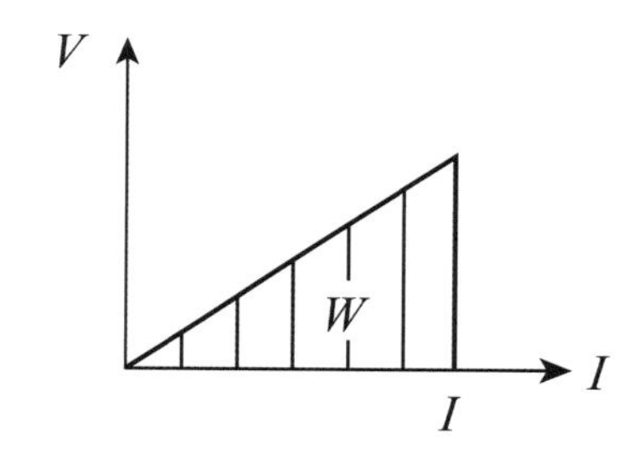

図 A2.2　電流が 0 → I に増加させられる過程における
単位時間当たりのジュール発熱 W

電流が 0 → I に増加させられる過程における単位時間当たりのジュール発熱 W は、電流入出力点間の抵抗を R、電位差を V と表せば

$$W = \int_0^I V dI = \int_0^I RI dI = \frac{R}{2} I^2 = \frac{1}{2} VI \tag{A2.8}$$

となり、図 A2.2 に示す三角形領域の面積で与えられる。図 Q2.3 の状況について考えれば

$$W = \frac{1}{2} VI = \frac{I}{2}(\phi_1 - \phi_3) = \frac{1}{2}(I_1\phi_1 + I_3\phi_3) \tag{A2.9}$$

ここで式（A2.9) は

$$W = \frac{1}{2} I_i \phi_i \tag{A2.10}$$

において、$I_i \neq 0$ なる節点のみを考えたものになっている。なお

$$I_i = C_{ij} \phi_j \tag{A2.11}$$

と表すとき、式（A2.10）より

$$W = \frac{1}{2} C_{ij} \phi_i \phi_j \tag{A2.12}$$

となる。

W の変化量 dW について考えると、

$$\begin{aligned} dW &= d(VI/2) = (IdV + VdI)/2 \\ &= \frac{1}{2}(IdV + \frac{V}{R}dV) = \frac{1}{2}(IdV + IdV) \\ &= IdV = Id(\phi_1 - \phi_3) = I_1 d\phi_1 + I_3 d\phi_3 \end{aligned} \tag{A2.13}$$

式（A2.13）より

$$\frac{\partial W}{\partial \phi_1} = I_1, \quad \frac{\partial W}{\partial \phi_3} = I_3 \tag{A2.14}$$

と表されることがわかる。

ところで式（A2.11）より

$$I_1 = C_{11}\phi_1 + C_{12}\phi_2 + C_{13}\phi_3, \tag{A2.15}$$

$$I_2 = C_{21}\phi_1 + C_{22}\phi_2 + C_{23}\phi_3, \tag{A2.16}$$

$$I_3 = C_{31}\phi_1 + C_{32}\phi_2 + C_{33}\phi_3 \tag{A2.17}$$

ここで $I_2 = 0$ を考慮すると、式（A2.16）より

$$\phi_2 = -\frac{1}{C_{22}}(C_{21}\phi_1 + C_{23}\phi_3) \tag{A2.18}$$

式（A2.18）を（A2.15)、(A2.17）に代入すれば、次のように電流入出力のない節点 2 の電位を消去できる。

$$I_1 = \left(C_{11} - \frac{C_{12}}{C_{22}} C_{21} \right) \phi_1 + \left(C_{13} - \frac{C_{12}}{C_{22}} C_{23} \right) \phi_3, \tag{A2.19}$$

$$I_3 = \left(C_{31} - \frac{C_{32}}{C_{22}} C_{21} \right) \phi_1 + \left(C_{33} - \frac{C_{32}}{C_{22}} C_{23} \right) \phi_3 \tag{A2.20}$$

式（A2.19)、(A2.20）を（A2.9）に代入すると

$$\begin{aligned} W = \frac{1}{2} \Biggl\{ & \left(C_{11} - \frac{C_{12}}{C_{22}} C_{21} \right) \phi_1^2 + \left(C_{13} - \frac{C_{12}}{C_{22}} C_{23} \right) \phi_1 \phi_3 \\ & + \left(C_{31} - \frac{C_{32}}{C_{22}} C_{21} \right) \phi_1 \phi_3 + \left(C_{33} - \frac{C_{32}}{C_{22}} C_{23} \right) \phi_3^2 \Biggr\} \end{aligned} \tag{A2.21}$$

式（A2.21）より

$$\begin{aligned} \frac{\partial W}{\partial \phi_1} = C_{11} \phi_1 + C_{12} & \left(- \frac{C_{21}}{C_{22}} \phi_1 - \frac{1}{2} \frac{C_{23}}{C_{22}} \phi_3 - \frac{1}{2} \frac{C_{32}}{C_{22}} \frac{C_{21}}{C_{12}} \phi_3 \right) \\ & + \frac{1}{2} (C_{13} + C_{31}) \phi_3 \end{aligned} \tag{A2.22}$$

式（A2.14）の第一式より式（A2.22）の右辺が式（A2.15）の I_1 に等しくなるためには

$$C_{12} = C_{21}, \quad C_{13} = C_{31}, \quad C_{23} = C_{32} \tag{A2.23}$$

が成り立たなければならない。なお式（A2.23）が成り立つとき、式（A2.22）の右辺第二項は（A2.18）より $C_{12}\phi_2$ となり、（A2.22）の右辺第三項は $C_{13}\phi_3$ となる。

式（A2.14）に関して若干の補足説明をしておく。電流入出力がない節点については、式（A2.10) に関して記したように、W にその節点の電位 ϕ が含まれないため、W の当該 ϕ による偏微分は 0 となり、W の ϕ による偏微分＝節点電流（＝ 0）の式も満たされている。

なお図 A2.3 に示すように節点 2 以外に電流入出力がない節点 4 が存

在する場合にも、式（A2.18）と同様にしてその節点の電位を、電流入出力点の電位で表現することを基本として、以上の記述と同様のことが成り立つことを付記しておく。

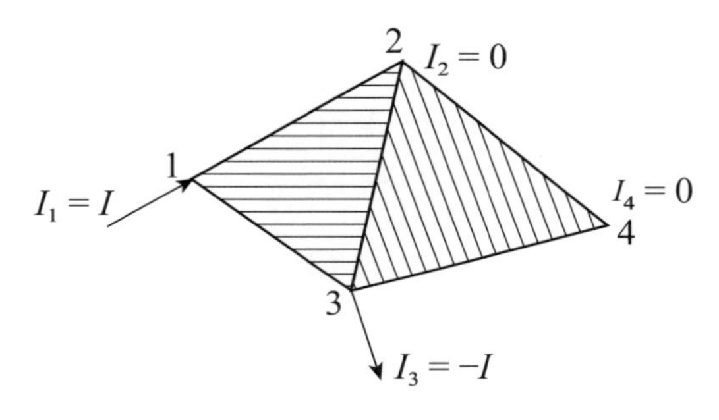

図 A2.3　導電体からなる二つの平面三角形要素

(2.8) 体積力として作用する電磁力は、付録 2.7 より棒の左向きに $B_2\times(\partial B_2/\partial x_1)/\mu$ で与えられるから、

$$\text{棒全体に作用する体積力としての電磁力} = \frac{hw}{\mu}\int_0^L B_2\frac{\partial B_2}{\partial x_1}dx_1 \tag{A2.24}$$

と表される。

一方、棒の左右両端面に接する空気中における x_2 方向の磁束密度は、空気の透磁率を μ_0 と表しそれぞれ $\mu_0 B_2(0)/\mu$、$\mu_0 B_2(L)/\mu$ で与えられる。ここに界面に沿った磁界の強さが棒中と空気中で連続であることより、左端で $B_2(0)/\mu$、右端で $B_2(L)/\mu$ と表されることを考慮している。これより棒の両端面に及ぼす表面力としての空気中の電磁力の差は、2.4.2 項を踏まえ左向きに $hw(\mu_0/\mu^2)\{B_2^2(L)-B_2^2(0)\}/2$ である。結局、棒全体には両端面に及ぼす空気中の電磁力の差と体積力としての電磁力の合力が左向きに働くことになる。$\partial B_2/\partial x_1\neq 0$ のときに、両端面に及ぼす空気中の電磁力の差に比べて体積力としての電磁力が圧倒的に大きい状況であれば、体積力としての電磁力により棒全体に作用する電磁力

が表されることになる。

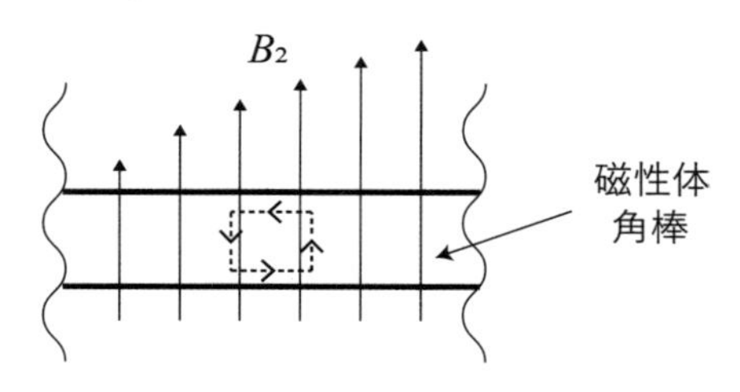

図 A2.4　角棒中の周回路

ところで上記のような磁場勾配を考えると、$x_1 = x_1$ での棒中における x_2 方向の磁界の強さは $B_2(x_1)/\mu$ で表され、x_1 の関数となっている。ここで図 A2.4 の破線で示した周回路に沿った磁界の強さの積分を求めると 0 とならない。これよりアンペアの周回路の法則から紙面に垂直方向の電流が周回路を突っ切って存在することになる。当該電流の流れを可能とする状況を設けておかなければ、棒内に勾配のある磁場は侵入できないと思われる。

(2.9) 静電場におけるマクスウェルの応力は、式 (2.69) を H_i を用いて表現したときに、μ を ε_0 に置き換え、H_i を E_i に置き換えたものであることが知られる。

演習問題 3 の解答

(3.1)

$$\boldsymbol{a}\cdot\boldsymbol{b}=|\boldsymbol{a}||\boldsymbol{b}|\cos\theta \tag{A3.1}$$

なる定義より

$$\left.\begin{aligned}&\boldsymbol{i_1}\cdot\boldsymbol{i_1}=|\boldsymbol{i_1}||\boldsymbol{i_1}|\cos 0=1,\\&\boldsymbol{i_2}\cdot\boldsymbol{i_2}=|\boldsymbol{i_2}||\boldsymbol{i_2}|\cos 0=1,\\&\boldsymbol{i_1}\cdot\boldsymbol{i_2}=\boldsymbol{i_2}\cdot\boldsymbol{i_1}=|\boldsymbol{i_1}||\boldsymbol{i_2}|\cos\frac{\pi}{2}=0\end{aligned}\right\} \tag{A3.2}$$

したがって

$$\begin{aligned}\boldsymbol{a}\cdot\boldsymbol{b}&=(a_1\boldsymbol{i_1}+a_2\boldsymbol{i_2})\cdot(b_1\boldsymbol{i_1}+b_2\boldsymbol{i_2})\\&=a_1b_1+a_2b_2\end{aligned} \tag{A3.3}$$

$$\left\{\begin{aligned}&=|\boldsymbol{a}|\cos\alpha|\boldsymbol{b}|\cos(\theta+\alpha)+|\boldsymbol{a}|\sin\alpha|\boldsymbol{b}|\sin(\theta+\alpha)\\&=|\boldsymbol{a}||\boldsymbol{b}|\cos\theta\end{aligned}\right\}$$

(3.2)

$$|\boldsymbol{a}\times\boldsymbol{b}|=|\boldsymbol{a}||\boldsymbol{b}|\sin\theta \tag{A3.4}$$

なる定義を踏まえて、$|\boldsymbol{i_1}||\boldsymbol{i_1}|\sin 0=|\boldsymbol{i_2}||\boldsymbol{i_2}|\sin 0=0$ より

$$\boldsymbol{i_1}\times\boldsymbol{i_1}=\boldsymbol{i_2}\times\boldsymbol{i_2}=0 \tag{A3.5}$$

また $|\boldsymbol{i_1}||\boldsymbol{i_2}|\sin(\pi/2)=1$ より

$$\boldsymbol{i_1}\times\boldsymbol{i_2}=\boldsymbol{i_3},\qquad \boldsymbol{i_2}\times\boldsymbol{i_1}=-\boldsymbol{i_3} \tag{A3.6}$$

したがって

$$\begin{aligned}\boldsymbol{a}\times\boldsymbol{b}&=(a_1\boldsymbol{i_1}+a_2\boldsymbol{i_2})\times(b_1\boldsymbol{i_1}+b_2\boldsymbol{i_2})\\&=(a_1b_2-a_2b_1)\boldsymbol{i_3}\end{aligned} \tag{A3.7}$$

$$\left\{\begin{aligned} &= \{|\boldsymbol{a}|\cos\alpha|\boldsymbol{b}|\sin(\theta+\alpha) - |\boldsymbol{a}|\sin\alpha|\boldsymbol{b}|\cos(\theta+\alpha)\}\boldsymbol{i_3} \\ &= |\boldsymbol{a}||\boldsymbol{b}|\sin\theta\boldsymbol{i_3} \end{aligned}\right\}$$

なお図 Q3.1 において $a_3 = b_3 = 0$ であることを考慮すると、

$$\begin{vmatrix} \boldsymbol{i}_1 & \boldsymbol{i}_2 & \boldsymbol{i}_3 \\ a_1 & a_2 & a_3 \\ b_1 & b_2 & b_3 \end{vmatrix} = \begin{vmatrix} \boldsymbol{i}_1 & \boldsymbol{i}_2 & \boldsymbol{i}_3 \\ a_1 & a_2 & 0 \\ b_1 & b_2 & 0 \end{vmatrix} = (a_1 b_2 - a_2 b_1)\boldsymbol{i}_3 \tag{A3.8}$$

となり、式（A3.7）と等しくなることより、式（Q3.1）が成り立つことがわかる。

（3.3）等 ϕ 面上の微小ベクトル $\Delta\boldsymbol{R}$ の座標軸に沿った成分を Δx_i と表せば

$$\mathrm{grad}\phi \cdot \Delta\boldsymbol{R} = \frac{\partial\phi}{\partial x_1}\Delta x_1 + \frac{\partial\phi}{\partial x_2}\Delta x_2 + \frac{\partial\phi}{\partial x_3}\Delta x_3 \tag{A3.9}$$

式 (A3.9) の右辺は $\Delta\boldsymbol{R}$ の始点と終点における ϕ の値の変化 $\Delta\phi$ を表し、$\Delta\boldsymbol{R}$ を等 ϕ 面上で考えていることより、$\Delta\phi = 0$ である。このように gradϕ と等 ϕ 面上の微小ベクトルとの内積が 0 となることから、gradϕ は等 ϕ 面に垂直である。

（3.4）grad、div、rot、∇ の定義に従えば、確認できる。

（3.5）式（Q3.3）を 8 個の点 1〜8 に適用すれば 16 個の式ができる。ここに図 Q3.2 (a) に記すように点 1〜8 の座標（ξ_1, ξ_2）は −1, 0, 1 のうちの対応する数字で表す。一方、未知量は a_1〜a_{16} の 16 個であるため、未知量の数と式の数が等しくなり、a_1〜a_{16} を点 1〜8 の座標（x_1, x_2）を用いて表現できることになる。これを式（Q3.3）に代入すれば、(a) から（b) に写像できる。

（3.6）$x'_1(\equiv r)$、$x'_2(\equiv r\theta)$ により座標系（x'_1, x'_2）を導入する。これにより

$$x_1 = r\cos\theta\,,\ x_2 = r\sin\theta\,,\ r^2 = x_1^2 + x_2^2\,,\ \theta = \tan^{-1}(x_2/x_1) \tag{A3.10}$$

なる関係式は、次のように変形できる。

$$\left.\begin{aligned} &x_1 = x'_1\cos(x'_2/r)\,,\ x_2 = x'_1\sin(x'_2/r)\,, \\ &(x'_1)^2 = x_1^2 + x_2^2,\ x'_2/r = \tan^{-1}(x_2/x_1) \end{aligned}\right\} \tag{A3.11}$$

座標系（x_1, x_2）と（x'_1, x'_2）間の応力成分の変換公式は、式（3.58）、（3.60）より

$$\tau'_{ij} = \frac{\partial x_k}{\partial x'_i}\frac{\partial x_l}{\partial x'_j}\tau_{kl} \tag{A3.12}$$

で与えられる。ここに τ_{kl}、τ'_{ij} はそれぞれ座標系（x_1, x_2）、（x'_1, x'_2）における応力成分を表す。なお上記のように座標系（x'_1, x'_2）を導入することにより、式（A3.12）の偏導関数は無次元となり、τ_{kl} と τ'_{ij} の次元は一致することになる。式（A3.12）を具体的に表せば、

$$\left.\begin{aligned}
\tau'_{11} &= \frac{\partial x_1}{\partial x'_1}\frac{\partial x_1}{\partial x'_1}\tau_{11} + \frac{\partial x_1}{\partial x'_1}\frac{\partial x_2}{\partial x'_1}\tau_{12} + \frac{\partial x_2}{\partial x'_1}\frac{\partial x_1}{\partial x'_1}\tau_{21} + \frac{\partial x_2}{\partial x'_1}\frac{\partial x_2}{\partial x'_1}\tau_{22}\,,\\
\tau'_{12} &= \frac{\partial x_1}{\partial x'_1}\frac{\partial x_1}{\partial x'_2}\tau_{11} + \frac{\partial x_1}{\partial x'_1}\frac{\partial x_2}{\partial x'_2}\tau_{12} + \frac{\partial x_2}{\partial x'_1}\frac{\partial x_1}{\partial x'_2}\tau_{21} + \frac{\partial x_2}{\partial x'_1}\frac{\partial x_2}{\partial x'_2}\tau_{22}\,,\\
\tau'_{22} &= \frac{\partial x_1}{\partial x'_2}\frac{\partial x_1}{\partial x'_2}\tau_{11} + \frac{\partial x_1}{\partial x'_2}\frac{\partial x_2}{\partial x'_2}\tau_{12} + \frac{\partial x_2}{\partial x'_2}\frac{\partial x_1}{\partial x'_2}\tau_{21} + \frac{\partial x_2}{\partial x'_2}\frac{\partial x_2}{\partial x'_2}\tau_{22}
\end{aligned}\right\} \tag{A3.13}$$

式（A3.13）に現れる偏導関数は次のようになる。

$$\left.\begin{aligned}
&\frac{\partial x_1}{\partial x'_1} = \cos(x'_2/r) = \cos\theta(= \frac{\partial x'_1}{\partial x_1})\,,\\
&\frac{\partial x_2}{\partial x'_1} = \sin(x'_2/r) = \sin\theta(= \frac{\partial x'_1}{\partial x_2})\,,\\
&\frac{\partial x_1}{\partial x'_2} = -(x'_1/r)\sin(x'_2/r) = -\sin(x'_2/r) = -\sin\theta(= \frac{\partial x'_2}{\partial x_1})\,,\\
&\frac{\partial x_2}{\partial x'_2} = (x'_1/r)\cos(x'_2/r) = \cos(x'_2/r) = \cos\theta(= \frac{\partial x'_2}{\partial x_2})
\end{aligned}\right\} \tag{A3.14}$$

式（A3.14）を（A3.13）に代入すれば

$$\left.\begin{aligned}
\tau'_{11} &= \tau_{11}\cos^2\theta + \tau_{22}\sin^2\theta + \tau_{12}\sin 2\theta\,,\\
\tau'_{12} &= (\tau_{22} - \tau_{11})\sin\theta\cos\theta + \tau_{12}(\cos^2\theta - \sin^2\theta)\,,\\
\tau'_{22} &= \tau_{11}\sin^2\theta + \tau_{22}\cos^2\theta - \tau_{12}\sin 2\theta
\end{aligned}\right\} \tag{A3.15}$$

なお参考までに以下を付記する。座標系（x_1, x_2）と（x'_1, x'_2）間において、ひずみ成分の変換は応力成分の場合と同様である。また変位成分については、3.8.3 項に記したように 1 階のテンソルであることを考慮した上で式（A3.14）を用いれば、変換公式が容易に求められる。

索　引

【は】

【ひ】

【ふ】

【へ】

著者略歴

坂　真澄（さか　ますみ）

1953 年　三重県に生まれる

1982 年　東北大学大学院工学研究科修了 工学博士

現　　在　東北大学名誉教授 電子磁気工業株式会社顧問

李　渊（り　ゆえん）

1980 年　中国河南省に生まれる

2011 年　千葉大学大学院工学研究科修了 博士（工学）

現　　在　東北学院大学准教授

連続体力学・電磁解析の基礎

Fundamentals of Continuum Mechanics and Electromagnetic Analysis

2025 年 2 月 10 日　　初版第 1 刷発行

著　者　坂　真澄　李　渊

発行者　関内　隆

発行所　東北大学出版会

〒 980-8577　仙台市青葉区片平 2-1-1

TEL：022-214-2777　FAX：022-214-2778

https://www.tups.jp　E-mail:info@tups.jp

印　刷　**株式会社 センキョウ**

〒 980-0039　仙台市宮城野区日の出町 2-4-2

TEL：022-296-7161　FAX：022-236-7163

ISBN 978-4-86163-407-9　C3053

定価はカバーに表示してあります。

乱丁、落丁はおとりかえします。